奇妙的
动植物世界

生物百科

动物中的巨无霸

建　君 编著

图书在版编目(CIP)数据

动物中的巨无霸 / 建君编著. — 郑州 : 中州古籍出版社, 2016.2
ISBN 978-7-5348-5948-9

Ⅰ. ①动… Ⅱ. ①建… Ⅲ. ①动物-普及读物 Ⅳ. ①Q95-49

中国版本图书馆 CIP 数据核字(2016)第 037032 号

策划编辑：吴　浩
责任编辑：翟　楠　唐志辉
装帧设计：严　潇
图片提供：fotolia
出版社：中州古籍出版社
(地址：郑州市经五路 66 号　电话：0371—65788808　65788179
邮政编码：450002)
发行单位：新华书店
承印单位：河北鹏润印刷有限公司
开本：710mm×1000mm　1/16
印张：8　字数：99 千字
版次：2016 年 5 月第 1 版　印次：2017 年 7 月第 2 次印刷

定价：27.00 元

前言 PREFACE

广袤太空，神秘莫测；大千世界，无奇不有；人类历史，纷繁复杂；个体生命，奥妙无穷。我们所生活的地球是一个灿烂的生物世界。小到显微镜下才能看到的微生物，大到遨游于碧海的巨鲸，它们都过着丰富多彩的生活，展示了引人入胜的生命图景。

生物又称生命体、有机体，是有生命的个体。生物最重要和最基本的特征是能够进行新陈代谢及遗传。生物不仅能够进行合成代谢与分解代谢这两个相反的过程，而且可以进行繁殖，这是生命现象的基础所在。自然界是由生物和非生物的物质和能量组成的。无生命的物质和能量叫做非生物，而是否有新陈代谢是生物与非生物最本质的区别。地球上的植物约有50多万种，动物约有150多万种。多种多样的生物不仅维持了自然界的持续发展，而且构成了人类赖以生存和发展的基本条件。但是，现存的动植物种类与数量急剧减少，只有历史峰值的十分之一左右。这迫切需要我们行动起来，竭尽所能保护现有的生物物种，使我们的共同家园更美好。

本书以新颖的版式设计、图文并茂的编排形式和流畅有趣的语言叙述，全方位、多角度地探究了多领域的生物，使青少年体验到不一样的阅读感受和揭秘快感，为青少年展示出更广阔的认知视野和想象空间，满足其探求真相的好奇心，使其在获得宝贵知识的同时享受到愉悦的精神体验。

生命正是经过不断演化、繁衍、灭绝与复苏的循环，才形成了今天这样千姿百态、繁花似锦的生物界。人的生命和大自然息息相关，就让我们随着这套书走进多姿多彩的大自然，了解各种生物的奥秘，从而踏上探索生物的旅程吧！

目 录 CONTENTS

第一章
海洋生物中的巨无霸——蓝鲸

蓝鲸是一种海洋哺乳动物，属于须鲸亚目。蓝鲸被认为是已知地球上生存过的体积最大的动物，长可达33米左右，重达约181吨。蓝鲸的身躯瘦长，背部是青灰色，不过在水中看起来有时颜色会比较淡。蓝鲸在南极附近海域较多，主要以磷虾为食，也吞食一些桡足类等甲壳类浮游动物。蓝鲸怀孕期一般为12个月。

蓝鲸简介

目前已知蓝鲸至少有三个亚种:生活在北大西洋和北太平洋的水蓝鲸;栖息在印度洋和南太平洋的南蓝鲸。在印度洋发现的小蓝鲸则可能是另一个亚种。与其他须鲸一样,蓝鲸主要以小型的甲壳类(例如磷虾)与小型鱼类为食,有时也包括鱿鱼。

20世纪初,在世界上几乎每一个海域中,蓝鲸的数量都相当多。但到了20世纪中期,捕鲸者将近半个世纪的疯狂猎杀使它们几乎灭绝。直到国际社会在1966年开始保护蓝鲸后,蓝鲸的数量才逐渐上升。一份2002年的报告称,当时世界上蓝鲸的数量在5000~12000头,并分布在至少5个族群中。最近对于侏儒蓝鲸的研究显示，这个数字可能是低估了实际的数量。在人类的捕鲸活动开始前,蓝鲸最大的族群是在南极海域,估计大约有239000头（范围介于202000~311000)。目前在东北太平洋、南极海与印度洋的数量已经比以前要减少很多(大约各有2000头)。在北大西洋则有2个更大的集群，在南半球至少也有2个集群。

蓝鲸的类型

蓝鲸是须鲸科目中一个物种，这个科的成员还包括大翅鲸、座头鲸、塞鲸、布氏鲸、小须鲸等。蓝鲸通常被归类在须鲸属中，虽然有学者将它归类在另一个单型属——蓝鲸属中，但是这种分类方法并没有被其他学者接受。DNA序列分析显示，蓝鲸比其属中的其他物种在种系上更接近座头鲸和灰鲸。如果进一步的测试可以证实这种关系的话，将有把须鲸重新分类的必要。

蓝鲸是须鲸属中的一种。关于蓝鲸、鳍鲸杂交的成年后代至少有11项文献记载。目前也已知有蓝鲸与大翅鲸之间的杂交种。阿伦逊和格尔

伯格（1983年）认为，蓝鲸和鳍鲸的差别类似于人类和大猩猩的差别。普遍认为须鲸科早在渐新世中期就和须鲸亚目的其他科分离，但是不知何时这些科的成员彼此分离。须鲸科和其他三个亚种不同的是，最后一个亚类的名称并未出现在濒危物种红色列表上。目前两种分类方法仍旧受到一些科学家的质疑，因为遗传分析表明只有两种亚种。

生活习惯

磷虾是蓝鲸的主要食物，蓝鲸所吃的这类浮游生物因海洋区域不同而属不同的物种。

蓝鲸通常捕食它能找到的最密集的磷虾群，这意味着蓝鲸白天需要在深水(超过100米)觅食，夜晚才能到水面觅食。觅食过程中，蓝鲸的潜水时间一般为10分钟左右。潜水20分钟并不稀奇，最长的潜水时间记录大约36分钟。蓝鲸捕食过程中一次吞入大群的磷虾，同时吞入大量的海水，然后挤压腹腔和舌头，将海水经鲸须板挤出，当口中海水排出干净后，蓝鲸吞入剩下不能穿过鲸须板的磷虾。

蓝鲸在秋后开始交配，一直持续到冬末，我们对蓝鲸交配行为和繁殖地还一无所知。雌性2～3年产一次崽，经过10～12个月妊娠期后，一般在冬初产崽。幼鲸重约2吨半，长约7米。大约6个月后幼鲸断奶，此时幼鲸的长度已经

翻了一倍。蓝鲸一般8～10岁性成熟，此时雄鲸长度至少20米（南半球的雄鲸更长）。雌性相对体型更大，约5岁性成熟，此时长约21米。

科学家估计，蓝鲸的寿命一般可以活几十年到一百年，但是由于个体记录无法回溯到捕鲸时代，所以要确定鲸的确切寿命还要经过很多年，单一个体最长记录的研究是34年。在东北太平洋，蓝鲸的天敌是逆戟鲸。调查发现25%的成年蓝鲸都有逆戟鲸攻击留下的伤痕，但是攻击造成的死亡率目前还没有确切的数据。

由于其特殊的群体结构，蓝鲸搁浅并不多见，但是当搁浅确实发生时，会倍受关注。1920年，一头蓝鲸在苏格兰外赫布里底群岛路易斯岛海滩搁浅，因为它的头部被捕鲸人射中，但鱼叉没有爆炸。和其他动物一样，蓝鲸本能地不惜一切代价坚持呼吸，搁浅可以让它不至于溺死。

蓝鲸生活在哪儿

蓝鲸的物种名称musculus来自于拉丁语，有“强健”的意思，但也可以翻译为“小老鼠”。林奈在1758年的开创性著作《自然系统》中完成了该种类的命名，他可能知道这一点，然后幽默地使用了这个带有讽刺意味的双关语。蓝鲸在赫尔曼·梅尔维尔的小说《白鲸记》中被称为硫黄底，因为矽藻附着在蓝鲸的皮肤上，使得它们的下侧呈现橘棕色或淡黄色，因此其也称为黄底鲸。其他常见的名称还有西巴德鲸、塞巴氏须鲸（由罗伯特·西巴德所命名）、大蓝鲸与大北须鲸、巨北须鲸，不过近几十

年来这些名称渐渐被人们所遗忘。

蓝鲸以南极海域数量为最多，主要生活在水温5℃～20℃的温带和寒带冷水域，有少数蓝鲸曾游于中国黄海和台湾海域。蓝鲸是最重要的经济种之一，脂肪量多。国际上规定用蓝鲸产油量作换算单位，即1蓝鲸=2长须鲸=2.5座头鲸=6大须鲸。从现代捕鲸开始的年代起，就对蓝鲸竞相滥捕，在高峰期的1930～1931年，全世界一年就捕杀蓝鲸近3万头。1966年，国际捕鲸委员会宣布蓝鲸为禁捕的保护对象。未开始捕杀前，蓝鲸至少有20多万头，现在估计最多有1.3万头。根据国际捕鲸委员会1989年发表的统计报告，蓝鲸现在只有几千头幸存者。这是在南半球经过8年的调查得出的数据，蓝鲸已经濒临灭绝。

禁止捕鲸以来，全球蓝鲸的数量基本保持不变，大概3000～4000头。从受威胁物种红色列表创立开始，蓝鲸就已经被列为红色列表上的濒危物种。位于太平洋东北部的蓝鲸种群是最大的，由大约2000个个体组成，

集中在阿拉斯加到哥斯达黎加之间，但在夏季常见于加利福尼亚。这个种群是长期以来蓝鲸数量回升的希望，有些时候他们会漂泊到太平洋西北部，曾有记载出现在堪察加半岛和日本北端之间。

南大洋蓝鲸种群的数量在750～1200头，该种群迁移的方式还不被人所了解。它们可能是，也可能不是斯里兰卡东北沿海时常出现不确定数目的种群。南大洋种群的一部分蓝鲸接近南太平洋的东海岸，在智利，人们发现了蓝鲸聚集于智鲁岛沿岸觅食，因此智利鲸类保护中心在智利海军的支持下，对其进行广泛的研究和保护。

在北大西洋生活着两个蓝鲸种群。第一个位于格陵兰、纽芬兰、新斯科舍和圣劳伦斯湾，估计有500头左右。第二个更靠东，春季出现在亚述尔群岛，而七八月份则出现在冰岛，据推测，鲸群沿大西洋中脊在这两个火山岛之间活动。除了冰岛，虽然极其少见，蓝鲸还出现在更远的斯瓦尔巴群岛和扬马延岛，科学家还不清楚这些蓝鲸在哪里过冬。整个北大西洋的种群数量大约在600～1500头。

人类对蓝鲸种群的恢复造成威胁，多氯联二苯化学品会在蓝鲸血液内聚集，导致蓝鲸中毒和夭折，同时日益发展的海洋运输产生的噪音，掩盖了蓝鲸的声音，导致蓝鲸很难找到配偶。

蓝鲸的相貌

一头成年蓝鲸能长到非洲象体重的30倍左右。蓝鲸平均长度约25米，最高纪录为33.5米左右。雌鲸大于雄鲸，南蓝鲸大于北蓝鲸。从上面观察，吻宽而平。蓝鲸背鳍小，高约0.4米，位于体后1/4处。鳍肢较小，其长占体长的15%。尾鳍宽为体长的1/3至1/4，后缘直线形。蜇沟55～88条，最长者达于脐。每侧须板270～395枚。体背深灰蓝，腹面稍淡，口部和须黑色。

蓝鲸和其他种类的鲸不同，其他种类显得矮壮，而蓝鲸则身体长椎状，看起来像被拉长，头平呈“U”型，从上嘴唇到背部气孔有明显的突起，嘴巴前端鲸须板密集，大约300个鲸须板（大概1米长）悬于上颚，深

入口中约半米，60～90个凹槽（称为腹褶）沿喉部平行于身体，这些皱褶用于大量吞食后排出海水。

蓝鲸背鳍小，只有在下潜过程中短暂可见。背鳍的形状因个体而不同，有些仅有一个刚好可见的隆起，而其他的鳍则非常醒目，为镰型，背鳍大概位于身体长度的四分之三处。当要浮出水面呼吸时，蓝鲸将肩部和气孔区域升出水面，升出水面的程度比其他的大型鲸类（如鳍鲸和鲳鲸）要大得多，这经常可作为识别海洋物种的有用线索。当呼吸时，如果风平浪静，蓝鲸喷出一道壮观的垂直水柱（可达12米，一般为9米）在几千米外都可以看到。蓝鲸的肺容量约为5000升。

蓝鲸的鳍肢长3～4米，上方为灰色，窄边白色，下方全白，头部和尾鳍一般为灰色，但是背部和鳍肢通常是杂色的。杂色的程度因个体而明显不同，有些可能全身都是灰色，而其他的则是深蓝、灰色和深蓝色混合在一起。

蓝鲸和其他鲸交互时冲刺速度可达50千米/时，但通常的游速为20

千米/时。当进食时,速度降到5千米/时。北大西洋和北太平洋的蓝鲸当下潜时会抬起它们的尾鳍,其他的大部分蓝鲸则不会。蓝鲸是地球上目前最大的动物,最大的蓝鲸有多重还不确定。大部分的数据取自20世纪上半叶南极海域捕杀的蓝鲸，数据由并不精通标准动物测量方法的捕鲸人测得。有记载的最长的鲸为两头雌性,分别为大约33.6米和33.3米,但是这些测量的可靠性存在争议。美国国家海洋哺乳动物实验室(NMML)的科学家测量到最长的鲸长度约为29.9米,大概和波音737或三辆双层公共汽车一样长。

蓝鲸的头非常大,舌头上能站50个人左右。它的心脏像小汽车一样大,婴儿可以爬过它的动脉,刚生下的蓝鲸幼崽比一头成年象还要重。在其生命的头七个月,幼鲸每天要喝约400升母乳。幼鲸的生长速度很快,体重每24小时增加约90千克。

由于蓝鲸巨大的体积,我们不能直接称它的体重。大部分被捕杀的蓝鲸都不是整头称的,捕鲸人在称重之前将其切成合适的大小。因为血液和其他体液丧失,这种方式低估了蓝鲸的体重。即使这样,有记载约27米长的鲸重达150～170吨。NMML的科学家相信30米长的鲸会超过180吨,目前NMML科学家精确测量过的最大的蓝鲸重达约177吨。

面临的威胁

蓝鲸不容易捕杀和保存。蓝鲸的巨大体形、骇人体重、游泳速度和力量意味着它们通常不是早期捕鲸人的目标，他们选择捕杀抹香鲸和露脊鲸。当这两种鲸数量减少后，捕鲸人选择捕杀须鲸的数量增加，包括蓝鲸。1864年，挪威人斯文德·福因用专门设计捕捉大型鲸鱼的鱼叉装配了他的轮船。虽然最初很麻烦，但这种方法很快流行起来，19世纪末，北大西洋的蓝鲸数量开始渐渐减少。

由于蓝鲸的皮下有一层厚厚的脂肪，可以做肥皂、鞋油等，因此蓝鲸

遭到了捕鲸人的大量捕杀。

蓝鲸的捕杀量在世界范围内快速增长，到1925年，美国、英国和日本跟随挪威加入了捕杀蓝鲸的行列，他们用捕鲸船捕杀后将蓝鲸升到巨大的“工厂船”进行处理。1930年，41艘船共宰杀了约28325头蓝鲸。二战末期，蓝鲸种群已接近灭亡，1946年，首次引入了国际鲸鱼交易配额限制。这些配额是无效的，因为约定并没有考虑到不同物种的区别。数量稀有的物种可以和数量较多的品种进行相等程度的捕杀。由于人类的捕杀和海洋环境的污染，1960年，国际捕鲸委员会开始禁止捕杀蓝鲸，此时已约有35万头蓝鲸被杀，全世界的蓝鲸种群数量已经减少到100年前的1%左右。

据英国《每日邮报》报道，2009年6月，美国俄勒冈州州立大学的研究人员在圣巴巴拉海峡发现了一头浮在海面上的巨型蓝鲸，并确信该蓝鲸是与航道上的某艘船只相撞后身亡。

据报道，该大学海洋哺乳动物研究所的工作人员在乘坐小型研究船“太平洋风暴”号出海考察时，发现了这惊人的一幕。蓝鲸的肚子朝天漂浮在水面上，这是有史以来第一次发生地球上最大的动物被路过的船只撞死事件。

研究人员认为，蓝鲸可能受到从洛杉矶开出的货船猛烈撞击后死亡，当时圣巴巴拉海峡航道非常繁忙，船来船往。该大学的工作人员尚未就此发表评论，这些拍摄图片首次出现在美国《国家地理杂志》网站上。

“太平洋风暴”号长达25米，研究人员通过现场对比目测，该鲸的长度大约是22米。

与船只发生碰撞或受困、纠缠在捕鱼设备中时，蓝鲸可能会受伤；海里越来越多的噪音使他们难以互相沟通，甚至可能丧命。人类对于蓝鲸的潜在威胁，包括制造会在蓝鲸体内累积的化学物品多氯联二苯(PCB)。全球变暖导致冰川与永久冻土层快速融化，并导致大量的淡水注入海中。有人担心一旦流入海中的淡水量超过临界点，将会导致温盐环流瓦解。考量到蓝鲸根据海水温度的迁移模式，环流瓦解将导致温暖与寒冷的海水环绕全球，这可能会对蓝鲸的迁徙造成影响。蓝鲸夏季时处在寒冷、高纬度的海域，因为这里拥有丰富的食物；而冬季时则位于温暖、低纬度的海域，在这里它们可以交配与生产。

海洋温度的改变也会影响蓝鲸的食物来源，暖化趋势也会减少盐分的分布，这将会对它们的分布与密度造成重大的影响。

第二章
鸟类巨无霸——鸵鸟

鸵鸟是非洲一种体形巨大、不会飞但奔跑得很快的鸟，特征为脖子长而无毛、头小、脚有二趾。鸵鸟是世界上存活着的最大的鸟，高可达约3米，颈长，脖子长裸，嘴扁平；翼短小，不能飞；腿长，脚有力，善于行走和奔跑。雌鸟灰褐色，雄鸟的翼和尾部有白色羽毛。

奇特的巨鸟

雄鸵鸟黑毛，头小、宽而扁平，颈长而灵活。裸露的头部、颈部以及腿部通常呈淡粉红色；喙直而短，尖端为扁圆状；眼大，继承鸟类特征，其视力亦佳，具有很粗的黑色睫毛。

后肢粗大，只有两趾，与一般鸟类有3～4趾不同，是鸟类中趾数最少者，内趾较大，具有坚硬的爪，外趾则无爪。后肢强而有力，除用于疾跑外，还可向前踢用以攻击。

翼相当大，但不能飞翔，主要是因为胸骨扁平，不具龙骨突起；锁骨

退化，且羽毛均匀分布，无羽区及裸区之分；羽毛蓬松而不发达，缺少分化，羽枝上无小钩，因而不形成羽片。显然，这样的羽毛主要功用是保温。

成熟的雄鸟体高1.75～2.75米，体重60～160千克。雄性成鸟全身大多为黑色，翼端及尾羽末端之羽毛为白色，且呈美丽的波浪状；白色的翅膀及尾羽衬托着黑色的羽毛，让雄鸟在白天时格外显眼，它的翅膀及羽色主要是用来求偶。

雌鸟毛色大致与雄鸟相似，只是毛色棕灰，不像雄鸟那么艳丽。幼鸟羽色棕灰斑驳，须经数次换羽，至两岁时才能达到成鸟的羽色，此毛色主要是为了便于伪装。两性幼雏长得非常相像，甚至年轻的鸵鸟也相差不大，到目前为止，人们仍无法从外貌分辨鸵鸟雌雄，只能从性器官去区别。

生活区域

鸟类学家发现，根据各地鸟类的特色，可将全世界分成六大地理区，每一区有独特的鸟类，且同一区内的鸟类有普遍的相似性，这是演化和适应环境的结果，其中鸵鸟分布于伊索匹亚区和非洲区。

鸵鸟广泛地分布在非洲低降雨量的干燥地区。在新生代第三纪时，鸵鸟曾广泛分布于欧亚大陆，在我国著名的北京人产地——周口店，不仅发现过鸵鸟蛋化石，还发现有鸵鸟腿骨化石。近代曾分布于非洲、叙利亚与阿拉伯半岛，但现今叙利亚与阿拉伯半岛上的鸵鸟均已绝迹。它们主要分布在撒哈拉沙漠以南的非洲，而澳洲则于1862～1869年引进鸵鸟，使其在东南部形成新的栖息地。

生活习性

鸵鸟是群居、日行性走禽类，适应在沙漠荒原中生活，嗅觉和听觉灵敏，善奔跑，跑时以翅扇动相助，一步可跨约8米，时速可达60千米/小时，能跳跃约3.5米。为了采集那些在沙漠中稀少而分散的食物，鸵鸟是相当有效率的采食者，这都要归功于它们开阔的步伐、长而灵活的颈以及准确的啄食。鸵鸟啄食时，先将食物聚集于食道上方，形成一个食球后，再缓慢地经过颈部食道将其吞下。由于鸵鸟啄食时必须将头部低下，很容易遭受掠食者的攻击，故觅食时，它时不时会抬起头来四处张望。

鸵鸟常5~50只群居，常与食草动物相伴。鸵鸟用强有力的腿(仅有两趾，主要的趾很发达，几乎成为蹄)逃避敌人，受惊时速度每小时可达65千米左右，连快马也比不上它。

雄鸵鸟在繁殖季节会划分势力范围，当有其他雄性靠近时会利用翅膀将之驱离并大叫，它们的叫声洪亮而低沉。

繁衍生息

鸵鸟繁殖期的时间随地区而有不同，在北非及东非则大多在旱季(7月至隔年1月)筑巢。在繁殖期内，雄鸵常以不断扇动双翅、晃动颈部的炫耀姿势占据领地，只有那些能够保卫领地的雄鸵，才能与雌鸵交配。鸵鸟在繁殖期内为一雄多雌，一只雄鸵常会与5只雌鸵交配，但雄鸵鸟与其中一只雌鸵鸟维持不严谨的单一配对关系。雄鸵鸟在其领土内摩擦出许多小浅坑，此雌鸟会找其中一坑产卵，通常每二日产一枚，共可产卵多达10～20枚;约有六只或更多只雌鸟会在同一坑产卵，但不负责孵卵，一坑蛋少则30枚，多则50～60枚。雄鸟夜间孵卵，雌鸟则白天孵卵。孵化温度大约36.90℃，湿度25～35RH%，孵化期40～42天。

像这样去照顾其他个体的卵，在演化上是较易受淘汰的，但在其他种类的鸟中，有部分确实如鸵鸟般愿意去照顾。鸵鸟卵大而易招天敌的觊觎，似乎是使此特征存留下来的主要原因。鸵鸟蛋虽是所有鸟类中最大的，但与其身体的比例来说亦是所有鸟类中最小的，故一只鸵鸟可以覆盖大量的蛋。孵出的鸵鸟雌雄比例约为1只雄性对1.4只雌性，且鸵鸟巢极易受天敌之破坏，此二者都意味着有许多雌鸟无巢可供产卵，显然如果有其他地方供它们产卵是有好处的。而对于雌鸟来说，有额外的蛋在它的巢里亦是好事，因为它自己的蛋可以免于受到破坏。通常，若巢中的卵多于雌鸟所能覆盖的范围，它可以辨认出自己的卵，而将其他多

余的卵滚到巢四周任其被毁坏。

沙漠上有许多的掠食者喜欢偷食鸵鸟蛋，故无成鸟看守的巢很容易受到天敌的光顾，例如埃及秃鹰会将石头丢向鸵鸟蛋，想借石头打破鸵鸟蛋厚达2毫米的蛋壳；即使是有成鸟看守的鸵鸟蛋，亦有土狼、胡狼等天敌，故在为期三周的产卵期及约为六周的孵化期中，只有不到10%的鸵鸟蛋会孵化。

鸵鸟的进化

鸟类自从侏罗纪开始出现以来，到白垩纪已经演化出各式各样的水鸟及陆鸟，以适应各种不同的环境。进入新生代以后，由于陆上的恐龙灭绝，哺乳类尚未发展成大型动物以前，其生态地位多由鸟类所取代，例如北美洲始新世的营穴鸟作为巨大而不能飞的食肉性鸟类，填补了食

肉兽的真空状态；恐鸟是南美洲中新世的大型食肉鸟，不会飞行，也填补了当时南美洲缺乏食肉兽的空缺。

其实鸵鸟的祖先也是一种会飞的鸟类，那么它是怎么变成今天的模样呢？这与它的生活环境有着非常密切的关系。鸵鸟是一种原始的残存鸟类，它代表着在开阔草原和荒漠环境中动物逐渐向高大和善跑方向发展的一种进化方向。与此同时，飞行能力逐渐减弱直至丧失。非洲鸵鸟的奔跑能力是十分惊人的，它的足趾因适于奔跑而趋向减少，是世界上唯一只有两个脚趾的鸟类，而且外脚趾较小，内脚趾特别发达。同时粗壮的双腿还是非洲鸵鸟的主要防卫武器，甚至可以致狮、豹于死地。

有几种不会飞的鸟类常被归为走禽类，在各岛屿或特殊地区，填补了缺乏哺乳类的空缺，有名的例子包括在新西兰的恐鸟、澳洲的奔鸟和马达加斯加岛的象鸟，它们不幸都在人类出现后灭绝。不过还有一些较幸运的走禽，如非洲的鸵鸟、澳洲的鸸鹋和食火鸡、新西兰的几维鸟等，迄今仍有幸存。

这些走禽的最大共同特征是胸骨扁平，不具龙骨突起。在飞行能力逐渐消失的演化过程中，飞行用的强健胸肌以及其附着的部位变得不再需要。不过，这些走禽是否都有相近的血缘关系，仍有待足够的化石证据来探求。值得一提的是，渡渡鸟也是不会飞的陆鸟，但它不是走禽的近亲，而是鸠鸽类的一员，因此它没有像走禽类那种善跑的特性。

第三章 灵长动物之王——大猩猩

大猩猩是灵长目猩猩科属类人猿的总称，是灵长目中最大的动物，它们生存于非洲大陆赤道附近的丛林中，素食。至2006年为止，依然有大猩猩分一种还是两种的争论，种以下它分四至五个亚种。大猩猩92%～98%的脱氧核糖核酸排列与人一样，因此它是继黑猩猩属的两个种后，与人类最接近的现存动物。过去大猩猩曾被认为是一种幻想的生物。

壮实的体貌

大猩猩是现存所有灵长类中体型最大的种，肩高1.3米左右，站立时高1.8～2.2米。雄性比雌性体大。雌性体重60～150千克，雄性体重130～280千克（平均体重210千克，是一个成年人的两倍多）。

大猩猩的体型雄壮，面部和耳上无毛，眼上的额头往往很高，下颚骨比颧骨突出。上肢比下肢长，两臂左右平伸可达2～2.75米，无尾，吻短，眼小，鼻孔大，犬齿特别发达，齿式与人类同，体毛粗硬，灰黑色，毛基黑褐色。

大猩猩的毛色大多是黑色的，年长（一般12岁以上）的雄性大猩猩的背毛色变成银灰色，因此它们也被称为“银背”，“银背”的犬齿尤其突出。山地大猩猩的毛尤其长，并有丝绸光泽。大猩猩的血型以B型为主，有少量A型。大猩猩跟人一样，也有不同的指纹。

大猩猩的生活

大猩猩是白日活动的森林动物。低地大猩猩喜欢热带雨林，而山地大猩猩则更喜欢山林。山地大猩猩主要栖息在地面上，而低地大猩猩则主要生活在树上，即使很重的雄兽也往往爬到20米高左右的树上寻找食物。大猩猩前肢握拳支撑身体行进，这一行走方式被称为拳步，它们四肢着地行走，前肢支持在指头的中节上。晚上睡觉时，它们用树叶做窝，每天晚上它们做新的窝，一般筑窝的过程不超过五分钟。

通常一个大猩猩的群体以一头雄兽为中心，由数头雌性和幼仔组成。有些情况下，一个群中会有两头或多头雄兽，在这种情况下只有一头雄兽（往往一头银背）是首领，只有它有与雌兽交配的权利，其他雄兽一般为比较年轻的黑背。群的大小从两头至30头不等，平均为10～15头。领头的雄兽有解决群内冲突、决定群的行止和行动方向、保障群的安全等任务。

大猩猩的群非常灵活，一个群往往会在找食物时分开。与其他灵长目动物不同的是，雌性和雄性的大猩猩均可能离开它们出生的群参加其他的群。雄兽约11岁后，首先离开它们出生的群，此后它单独或者与其他雄兽一起生活。它们在2～5年后才能够吸引雌兽组成新的群。

一般一个群可以延续很长时间。有时群内会爆发争夺首领地位的斗争，挑战的可能是群内的一头年轻的雄兽或者外来的雄兽，受挑战的雄兽会尖叫、敲击胸部、折断树枝，然后冲向挑战的雄兽。假如是挑战者战胜了原来首领的话，它一般会将它前任的幼兽杀死，原因可能是正在哺乳的雌兽不交配，这样幼兽被杀死后不久，雌兽就又可以交配了。

假如一个群中原来领头的雄兽病死或者意外死亡的话，这个群很可能分裂，群的成员会去寻找其他的群。大猩猩的地盘性不是非常明显，许多群在同一地区寻找食物，不过一般它们避免直接接触。由于大猩猩的主要食物是叶子，因此它们寻找食物的途径相当短。原因是：第一，当地的叶子非常多；第二，叶子的营养量比较低，因此它们不得不经常休息。

素食主义者

大猩猩是所有人猿中最纯粹的素食动物。它们的主要食物是果实、叶子和根,其中叶子占主要部分。昆虫占它们食物的1%~2%,一般被吃掉的昆虫是植物上的昆虫,被漫不经心吃掉。成年的大猩猩每天平均需要约25千克食物,它们大多数醒着的时候都是在进食。由于它们大量进食各种植性食物,使的它们的肚子往往鼓起。

令人奇怪的是,大猩猩几乎从来不喝水,它们所需要的全部水分都从所吃的植物中得到。对于大猩猩来说,香蕉树的树心是一种最好的食物和水二合一的食品。同时,它们通常靠吃竹子获取蛋白质,看来还是比较注意营养合理搭配的。

在动物园,饲养员主要喂食大猩猩各种水果和蔬菜,例如香蕉、苹果、大白菜等。不过大猩猩也不拒绝"荤菜",肉、蛋、奶也吃得很香。大猩猩喜欢吃植物的果实还有茎和叶,它的前肢特别灵活,可以用前肢找到食物并把食物放进嘴里。还有更神奇的呢,大猩猩还会清洗食物,抓起食物以后,它们会迅速地在水里清除泥垢和残留物,然后吃掉。

繁殖孕育

大猩猩是一夫多妻制，母猩猩的发情期很短，繁殖期不固定，是灵长目中除人类外孕期最长的。孕期8.5～9.5个月，达到255天，每产1仔，寿命30～50年。大猩猩两次生产之间的间隔为3～4年。新生儿体重约2千克，但是比人的婴儿发育要快，三个月后，它们就可以爬了。

幼兽一般跟随母亲3～4年，在这段时间里，群里的领头雄兽也会照顾幼兽，但是它们不会去抱幼兽。雌兽一般在10～12年后性成熟(关养的雌兽早一些)，雄性一般在11～13岁性成熟。

野生大猩猩的平均寿命约35岁，人工饲养可达40～50岁。至今为止的纪录是费城动物园中的一头大猩猩，它活了54岁。

生存的危机

东非大猩猩主要分布于东非地区的乌干达、扎伊尔、卢旺达等国家死火山山麓被封闭的原始林带。据1979年调查，大猩猩的数量只有1000只左右，比此前调查的数量在20年间下降了99.3%。西非大猩猩主要生活在刚果、喀麦隆、加蓬一带，它们的毛色较东非大猩猩有些浅，呈棕褐色或黄褐色。野生的高山大猩猩现所剩无几，仅700只左右。它们被保护在国家公园内，由武装的士兵护卫着。可是，为了获取它们的头盖骨与毛

皮，偷猎者仍然在猎杀它们。有的时候，大猩猩会落入为捕捉其他动物而设的陷阱，被意外抓获而危及生命。所有的大猩猩亚种均被列入华盛顿公约附录名单和世界自然保护联盟的红色名录之中。

科学家对尼日利亚西南部森林中大猩猩的分布状态进行了调查，确认该地区总计2443．58平方千米的15个森林保护区内存在该物种。科学家将独立收集的年度数据根据不同保护区进行分类总结并且估计了建巢大猩猩的个体密度。研究结果显示，该地区的大猩猩呈低密度高分散分布。研究区域内四个森林保护区中，大猩猩的建巢数大于10。此外，在Ise森林保护区内观察到大猩猩其他活动(例如观望行为、发声行为、取食迹象和粪便)的频次显著高于其他森林保护区。研究结果表明，残余且易于管理的大猩猩种群分布于该调查区域，建议采取适当的保护措施来保证它们的继续生存。

通过2010年3月和4月间进行山地大猩猩数量普查分析得出的数据表明，位于维龙加地区的山地大猩猩共有36个种群480只左右。普查的区域是三个相连的国家公园，即刚果的维龙加国家公园、卢旺达的火山国家公园和乌干达的姆加新加大猩猩国家公园。除维龙加地区外，唯一有山地大猩猩出没的地区为乌干达的布恩迪国家公园。2006年统计，布恩迪的山地大猩猩数目为302只左右，刚果某庇护所内还有4只人工饲养的山地大猩猩。据非洲野生动物基金会所述，目前全世界的山地大猩猩总数至少有786只。

第四章 陆地上的巨无霸——大象

大象是群居性动物，以家族为单位，由雌象做首领，每天活动的时间、行动路线、觅食地点、栖息场所等均听雌象指挥，而成年雄象只承担保卫家庭安全的责任。有时几个象群聚集起来，结成上百只的大群。在哺乳动物中，最长寿的动物是大象，据说它能活60～70岁。当然野生场所和人工饲养是不同的，前者的寿命短一些。

庞大的体型

大象，长鼻目，象科，通称象。大象是现存世界上最大的陆生动物，平均每天能消耗200千克左右的植物。尽管有一个巨型的胃和约19米长的肠子，但是它的消化能力却相当差。大象主要的外部特征为柔韧而肌肉发达的长鼻，具缠卷的功能，是它们自卫和取食的有力工具。长鼻目仅有象科1科共2属3种，即亚洲象和非洲象以及非洲森林象。亚洲象历史上曾广泛分布于中国长江以南（最北曾达到河南省）的南亚和东南亚地区，现分布范围已缩小，主产于印度、泰国、柬埔寨、越南等国，中国云南

省西双版纳地区也有小的野生种群。非洲象和非洲森林象则广泛分布于整个撒哈拉以南的非洲大陆，喜欢群居。

亚洲象肩高约2.3～3.5米，体重4～8吨；非洲象肩高约3.2～4.2米，体重5～11吨；非洲森林象平均肩高一般不超过2.8米，体重3.5～5.5吨。象头大，耳大如扇，四肢粗大如圆柱，支持巨大身体，膝关节不能自由屈曲。鼻长几乎与体长相等，呈圆筒状，伸屈自如；鼻孔开口在末端，鼻尖有指状突起，能拣拾细物。上颌具1对发达门齿，终生生长，非洲象门齿可长达3.3米，亚洲象雌性长牙不外露；上、下颌每侧均具6个颊齿，自前向后依次生长，具高齿冠，结构复杂。被毛稀疏，体色浅灰褐色。雄象睾丸隐于腹腔内，雌象前腿后有2个乳头，妊娠期长达600多天(22个月)，一般每胎1仔。非洲象长鼻末端有2个指状突起，亚洲象仅具1个；非洲象耳大，体型较大，亚洲象耳小，体型较小，体重较轻。

生存环境及生活习性

大象栖息于多种环境，尤喜丛林、草原和河谷地带，群居，雄性偶有独栖。大象以植物为食，食量极大，每日食量200千克左右，寿命60～70年。在东南亚和南亚的很多国家，亚洲象都被人类驯养并视为家畜，可供骑乘、表演或服劳役。象牙一直被作为名贵的雕刻材料，价格昂贵，使这大象遭到大肆滥捕，数量急剧下降。

大象的求爱方式比较复杂，每当繁殖期到来，雌象便开始寻找安静僻静之处，用鼻子挖坑，建筑新房，然后摆上礼品。雄象四处漫步，用长鼻子在雌象身上来回抚摸，接着用鼻子互相纠缠，有时会把鼻尖塞到对方的嘴里。

大象是现存最大的陆生哺乳动物，它的嗅觉和听觉发达，视觉较差。长鼻起着胳膊和手指的作用，能摄取水与

食物送入口中。巨大的耳廓不仅帮助谛听，也有散热功能。雄性（非洲象雌雄均有）的长獠牙是特化的上颌门齿。亚洲象前肢5趾，后肢4趾，非洲象前肢3趾。

大象可以用人类听不到的次声波来交流，在无干扰的情况下，次声波一般可以传播11千米，如果遇上气流导致的介质不均匀，只能传播约4千米，假如在这种情况下还要交流，象群会一起跺脚，产生强大的“轰轰”声，这种方法最远可以传播约32千米。那远方的大象是如何听到？总不能把耳朵贴在地上听吧？其实大象用骨骼传导声波，当声波传到时，声波会沿着脚掌通过骨骼传到内耳，而大象脸上的脂肪可以用来扩音。动物学家把这种脂肪称为扩音脂肪，许多海底动物也有这种脂肪。

大象生存现状

亚洲雄象长着伸出嘴外的象牙(也有个别的没有),雌象一律没有,非洲象雌雄都有象牙。非洲象现在广泛分布于整个撒哈拉以南。现代象是从始祖象进化而来,据化石发现,始新世的始祖象仅吻部较长,体亦小,由始祖象次第演变成现代象。

长鼻目曾有6科，在中古时期最为繁盛，其中5科由于气候变化和环境恶化以及人类捕杀已灭绝，现仅余象科1科2属3种动物。长鼻目动物的特征一如其名，鼻子长，鼻端生有指状突，能拣拾细小物品。

独特的外形

非洲象是现存最大的陆生哺乳动物，它的体长6～7.5米，尾长1～1.3米，肩高3.2～4.2米，体重5～11吨。最高纪录为一只雄性大象，体全长10.67米（包括鼻子和尾巴），前足围1.8米，体重11.75吨。最大的象牙纪录为长3.5米，重约107千克。已灭绝的北非非洲草原象小的多，只有2.4～2.6米高，重约4～6吨，体型与非洲森林象相仿。

近年来研究表明，非洲象属有两种：非洲象和非洲森林象。常见的非洲象是世界上最大的陆生哺乳动物，耳朵大且下部尖，不论雌雄都有长而弯的象牙，性情极其暴躁，会主动攻击其他动物。非洲象性情暴躁，没有被真正驯化过的纪录，因此很少作为家畜来饲养和使用。

非洲象和非洲森林象有着明显不同的遗传特征，其外表特征也有很大的差别。非洲森林象耳朵圆，个体较小，一般不超过2.8米高，前足5趾，后足4趾（和亚洲象相同），象牙质地更硬。最近根据基因分析，证明它和非洲象不是同一个种类。过去在非洲雨林中还发现过体形更小的倭象，现在被认为是非洲森林象的未成熟个体。非洲森林象足下肉变大，更适应缺水的生活，非常知道节约用水，而且会在沙漠中寻找水源。

大象文化

大象是科特迪瓦的象征。“象牙海岸”开始只是科特迪瓦南部地区的名称，因为那里有很多大象和象牙，1893年3月，法国殖民者将这个名称正式推广为国名。那时候，欧洲人乘船过来主要是猎取当时非常名贵的象牙，当然现在也很名贵。

在印度，大象是一种颇受敬畏的动物。近年来，大象越来越受欢迎，在各种节庆活动中都会出现大象的身影。但一旦老得不能工作，大象又往往遭到象主人的嫌弃。近日，印度喀拉拉邦宣布在6月份开放印度首个“大象退休之家”，为工作了一辈子的大象提供一个安详而无忧的晚年。

人们经常用大象来代表印度，比如中国与印度经济上的竞争被称作“龙象之争”，而印度股市大涨时会被称作“大象狂奔”。

19世纪70年代，在美国的《哈泼斯周刊》上，曾先后出现了政治漫画家纳斯特的两幅画，分别以长耳朵的驴和长鼻

子的象比拟美国民主党和共和党。后来,纳斯特又在一幅画中同时画进了象和驴,比喻当时的两党竞选。自那以后,驴和象就逐渐成为美国两大党的象征,两党也分别以驴、象作为党徽的标记。每到选举季节,海报和报纸铺天盖地是驴和象的“光辉形象”,竞选的会场上也时常出现充气塑料做的驴和象。共和党人认为大象憨厚、稳重、脚踏实地,用大象的形象来代表本党再合适不过了,不过民主党人却借此讥讽共和党人华而不实。

非洲肯尼亚进行的一项研究表明:非洲大象能辨认其他100多头大象发出的叫声,哪怕是在分开几年之后。英国一所大学研究人员在位于肯尼亚的国家公园录制了一些非洲大象母亲用来进行联系的低频的呼声,这些声音是大象用来确认个体的。在记录哪些大象经常碰面,哪些互不交往后, 研究人员把这些叫声放给27个大象群体听并观察它们的反应。

如果它们认识这头发出叫声的大象,它们就会回应,如果不认识的话,它们要么干脆忽略,只是听而没有任何反应,要么变得易怒而且戒备。研究表明,它们能够分辨来自其他14个大象群体所发出的声音。

大象之间互相联络的记忆也相当持久,当把一头已经死了两年的大象的声音播给它的家庭成员时,它们仍然回应而且走近声源。

第五章
爬行动物中的巨无霸

大蜥蜴是目前地球上所知的恐龙时代存活下来的爬行动物之一，数量已经非常稀少。但由于全球持续变暖，这种被称为“新西兰活化石”的大蜥蜴正面临着灭绝的危险。研究表明，温度升高促使大蜥蜴的雄性比例大幅提高，最后可能因为缺少雌性无法繁衍而灭绝。

新西兰大蜥蜴

生存在当今的新西兰大蜥蜴

新西兰大蜥蜴2亿多年前就已经在地球上出现，是当今幸存为数不多的远古爬行动物物种之一。然而，素有“活化石”之称的新西兰大蜥蜴正濒临灭绝。由于新西兰大蜥蜴的性别由孵化温度决定，气候变暖使得孵出蜥蜴的雄性比例上升。长此以往，最终将导致大蜥蜴的灭亡。

新西兰大蜥蜴是世界上最大的蜥蜴，这一庞然大物的模样显得狰狞可怕。18世纪末期，由于食肉动物的引入，它们在新西兰濒临灭绝，后来，新西兰大蜥蜴的数量曾一度上升至130只左右。

基本特性

新西兰大蜥蜴是一种外形与龙有几分相似的爬行动物，身长最长可达49厘米左右，是2.25亿年前与恐龙一起生活在地球上的物种的最后一批后代。该大蜥蜴的特征相当独特，如最上面的两排牙齿完全盖住了下面一排牙齿，头骨上方还有十分明显的“第三只眼”。在步入成熟期后，这片对光敏感的皮肤（称为顶眼）会渐渐消失。

它扑食动物时，凶猛异常，奔跑的速度极快。它那巨大而有力的长尾和尖爪是扑食动物的工具。它以岛上的野猪、鹿、猴子等为食。

只要成年的巨蜥一扫尾巴，就可以将3岁以下的小马扫倒，然后一口咬断马腿，将马拖到树丛中吃掉。吃不完时，它还将余下部分埋在沙土或草里，饿时再吃。蜥蜴吃饱后，趴伏于丛林间、沙滩上或礁岩上，甜睡，晒太阳。它善游泳，具有潜入水中捕鱼吃或在水下待几十分钟的特殊本能。大蜥蜴3～5年性成熟，太阳辐射的自然温度孵卵，大蜥蜴能活50～80年。

科学新发现

新西兰大蜥蜴素有“活恐龙”之称，仅生存于新西兰，它是早期恐龙时代幸存下来为数不多的物种之一，大蜥蜴的远古祖先于2亿年前三叠纪时期与其他爬行物种相分离。多年以来，科学家一直从事着关于该物种的研究分析，试图揭晓更多的地球物种进化之谜。从事分子生态学进化研究的威尔逊和兰伯特负责该项最新研究，这两位进化生物学家和远古NDA分子专家恢复了8000年前远古大蜥蜴骨骼中的NDA序列。研究

结果显示，虽然在非常长时期的进化中大蜥蜴的物理身体结构未发现改变，但是它们的DNA分子进化速度却比迄今所测试的任何动物都要快。

兰伯特教授和研究小组曾多年研究南极物种，他们发现阿德利企鹅的分子进化速度略微比大蜥蜴慢一些。同时，大蜥蜴的分子进化速度还快于包括熊、狮子、牛和马等动物。他指出，之前研究人员预计大蜥蜴的所有进化速度都会很慢，它们的生长很慢，繁殖很慢甚至新陈代谢也很慢。但事实上，它的DNA分子进化非常快，这一点与进化生物学家威尔逊的提议假设相一致，他曾暗示分子进化速度是与形态进化相分离的。据悉，威尔逊是分子进化研究领域的先驱，40年前，他的理论曾遭到争议，但他的这项最新研究证实其理论是正确的。

这项研究发现将帮助未来对大蜥蜴的研究和保护，同时，拓展对其他物种的进化研究。他说，希望测量人类的分子进化速度，除此之外还将对恐鸟（一种新西兰无翼大鸟，现已灭绝）和南极鱼类进行分析，以检测它们是否也存在DNA分子进化速度与物理身体结构进化速度相分离。

新西兰——蜥蜴之地

新西兰最近发现了一种极为罕见的大蜥蜴的巢穴，里面还有4个蛋。大蜥蜴的历史可追溯至恐龙时代，这也是人们约200年来首次在新西兰大陆发现它的巢穴。

新西兰惠灵顿卡洛里野生生物公园自然保护主管埃普森说，该公园工作人员在2007年10月31日发现了来自一种本土大蜥蜴的四个坚硬的白蛋。埃普森说，这个窝是偶然间发现的，是新西兰大蜥蜴正在繁衍后代的首个确凿证据。同时可能表明，公园内的其他地方还有大蜥蜴的窝，只不过还不知道罢了。

大蜥蜴是新西兰本土物种，它们至今生活在没有食肉动物的新西兰32个小岛上。经过动物学家的不懈努力，大蜥蜴的数量有所回升。根据

2005年的一项统计，卡洛里野生生物公园共约有70只大蜥蜴，到2007年，这一数字升至130只左右。

卡洛里野生生物公园占地面积约为2.5平方千米，距惠灵顿市区仅几分钟车程，这里以培育本土鸟类、昆虫和其他远离天敌的动物而闻名于世。埃普森说，4个蜥蜴蛋每个都有乒乓球大小，可能还有更多没有被发现，因为一般情况下，蜥蜴一窝应有10个蛋左右。工作人员在发现这些蛋之后，便立即将它们盖起来，以免孵化过程受到影响。埃普森说，如果一切顺利，大蜥蜴宝宝会在11月份至次年3月份之间破壳而出。

棱皮龟

棱皮龟，又称革龟，是龟鳖目中体型最大者，最大体长可达3米左右，龟壳长2米多；体重可达800～900千克。棱皮龟主要分布在热带太平洋、大西洋和印度洋，偶尔也见于温带海洋，分布于北至西伯利亚海岸以及南中国海、东海、黄海等海域，多栖息于热带海域的中、上层，有时可进入近海和港湾中。据美国杜克大学研究小组21世纪初发表的海龟调查报告表明，棱皮龟有可能在10～20年内灭绝。

棱皮龟堪称巨龟，它的头部、四肢和躯体都覆以平滑的革质皮肤，没

有角质盾片，背甲的骨质壳由数百个大小不整齐的多边形小骨板镶嵌而成，其中最大的骨板形成7条规则的纵行棱起，因此得名。这些纵棱在身体后端延伸为一个尖形的臀部，体侧的两条纵棱形成不整齐的甲缘。腹甲的骨质壳没有镶嵌的小骨板，由许多牢固地嵌在致密组织中的小骨构成5条纵行，其中中央一行在脐带通过处裂开。它的嘴呈钩状，头特别大，不能缩进甲壳之内，四肢呈桨状，没有爪，前肢的指骨特别长。成龟身体的背面为暗棕色或黑色，缀以黄色或白色的白斑，腹面为灰白色。

盐水鳄鱼

盐水鳄鱼体型最长可达七米左右,有些可能更大。盐水鳄鱼分布于东南亚,从印度、印度尼西亚、菲律宾、巴布亚新几内亚至澳大利亚北部的海岸边略带盐分的湖水区、有潮河川和淡水区。

盐水鳄鱼的食物一般包括鱼、哺乳动物、鸟、龟、蟹、蜥蜴、猴,有时也会吃人,繁殖方式为卵生,可产下40~60枚蛋。

盐水鳄鱼的体型巨大,是分布最广的一种鳄鱼。它们生性凶猛,与人

类的互动历史相当长。盐水鳄鱼在澳大利亚北部的热带地区最为有名，甚至成为当地的爬虫类象征。

盐水鳄鱼和所有的鳄鱼一样，社会行为复杂，因此它们分布的地域才会这么广，而且能大量繁衍。雌鳄会对幼鳄保护得无微不至，幼鳄从孵化到毫无防备能力的前几个月内，雌鳄都会一直跟在身边。

长久以来，盐水鳄鱼在各栖息地都面临灭绝的危险，原因是它们的皮很值钱，人类会加以猎捕。它们的栖息地因日渐被人类开发而逐渐缩小也是其面临灭绝的原因之一。如今生活在自然栖息地的盐水鳄鱼，数量并不多，但是澳大利亚和巴布新几内亚均推动养殖与保育计划，让盐水鳄鱼在当地繁衍了相当多的数量。盐水鳄鱼其实不只住在咸水里，许多喜爱钓鱼或划船的游客，也经常在距海300千米的内陆淡水湖、沼泽和河川里看见它们。在这些地区，人类如果不小心，会很容易变成盐水鳄鱼的大餐。

尽管大部分死亡情况未被记载，盐水鳄鱼每年致死的人数仍高达约2000人。造成最大伤亡的鳄鱼攻击事件发生于第二次世界大战末期，1945年2月19日至20日的晚上，当时进攻缅甸兰里岛的盟军，将800～1000人的日本步兵围困在岸边的沼泽地中。到第二天早晨，只有20个日本兵活了下来，确信其余的大多数已被鳄鱼吞食。

不要把澳大利亚盐水鳄鱼看成是浮在水面上的木头块，否则这可是个致命的错误！澳大利亚盐水鳄鱼可以在水中保持静止不动的状态，等待过路者自己送上门来。在一眨眼的工夫里，它会突然扑向猎物，然后将其拽到水中淹死后肢解，最后开始享用“美味”。

科莫多巨蜥

初步探究

科莫多巨蜥濒临绝种，现已列为保护对象，体长可达约3米，重达约135千克，寿命约100年，能挖9米深的洞，卵生其中，四五个月后孵出，幼体在树上生活几个月。成体吃同类的幼体，有时吃其他的成体，能迅速运动，偶尔攻击人类，但主要以腐肉为食，每天出洞到几公里以外的地方觅食。栖息于爪哇岛周围丛林中。蜥蜴亚目巨蜥科是现存种类中最大的蜥蜴。

科莫多巨蜥是冷血杀手，同时也是忠实的食肉动物，位于所处区域食物链的顶端。虽然它们不会吐出火焰，但是它们依旧被认为是科莫多的龙。印度尼西亚的一位生物学家在研究印尼大部分奇异的食肉类动物方面是世界权威。他将全部精神都投注在他的事业上，并冒着生命危险去探索巨蜥的秘密。消亡的阴影笼罩着这些濒临灭绝的自然界的奇迹，生物学家们正在为挽救这一古老的爬行类动物，使他们可以更长久地生存下去而进行着艰苦的斗争。

相貌特征

在印尼的一些小岛上能发现科莫多巨蜥。科莫多巨蜥是一种巨大的蜥蜴，成年雄性科莫多巨蜥大约有3米长、136千克重。皮肤粗糙，生有许多隆起的疙瘩，有鳞片，黑褐色，口腔生满巨大而锋利的牙齿（世界上有26种巨蜥蜴，只有它有牙齿）。但是，它基本上是“哑巴”，声带很不发达，即便激怒时，也仅能听到它发出“嘶嘶，嘶嘶”的声音。它

扑食动物时，凶猛异常，奔跑的速度极快，那巨大而有力的长尾和尖爪是扑食动物的工具。

科莫多巨蜥3～5年性成熟，每年7月发情、交配，8月开始产卵。刚成熟的雌蜥只能产4～6枚卵，每隔2～3天产一次。10岁左右，进入产卵旺期，每次产下20几枚，将卵埋在沙窝里，靠太阳辐射的自然温度孵卵，八个月后，幼蜥才破壳而出。刚出壳时，小蜥大小如同我们饲养的家鹅，它能活100年。

奇特的生活

科莫多巨蜥生活在岩石或树根之间的洞中，每天早晨，它们钻出洞来觅食。性情凶猛的盐水鳄和爪哇虎（已灭绝）都有捕食过它的记录。它的舌头上长有敏感的嗅觉器官，所以在科莫多巨蜥寻找食物的时候，总是不停地摇头晃脑、吐舌头，靠着灵敏的嗅觉器官，能闻到范围在1000米之内的腐肉气味。通常情况下，它们会找寻那些已经死去的动物腐肉为食，但成体也吃同类幼体和捕杀猪、羊、鹿等动物，偶尔也会攻击和伤害人类。

每天早晨，科莫多巨蜥从洞穴中爬出来，先躺在岩石上吸收阳光的热量，直到太阳晒暖了身体后才去捕食。科莫多巨蜥在动物经过的路旁伏击猎物，当猎物临近（距离约1米远）时，它会扑上去咬住猎物，导致猎物伤口感染，等一两天猎物因感染死亡后，再用嗅觉追踪死去的猎物。科学家曾目睹一条体重不超过50千克的雌巨蜥，竟然在17分钟内吃完了一头约31千克重的野猪。巨蜥的胃像个橡胶皮囊，很容易扩张。成年巨蜥一餐就能吃下高达体重80%的食物，所以，巨蜥在餐前餐后体重相差很大。猎物的香味吸引了四处觅食的巨蜥，它们纷纷前来欲分享猎物。分餐是有规矩的，体型最大的雄性优先，顺从者或“亲朋好友”其次，陌生的食客通常被安排在最后就餐，腐尸是科莫多巨蜥爱吃的食物。巨

蜥的唾液中含有多种高度脓毒性细菌，受到攻击的猎物即使逃脱，也会因伤口引发的败血症而迅速衰竭直至死亡。这些逃脱的猎物就成了攻击者送给其他巨蜥的礼物。

在一群科莫多巨蜥中，通常年长而且体形较大的优先进食。它们会用强壮的尾巴击打年幼者，使之不能接近食物。科莫多巨蜥进食时狼吞虎咽，尽其食量而吃，有时吃得太多，以至于不得不歇上六七天来消化食物。

科莫多巨蜥是如何被发现的

科莫多岛常年荒无人烟，后来，松巴哇苏丹开始把罪犯流放到岛上服刑，他们传出令人害怕的消息，岛上有巨型蜥蜴，但起初一直没人相信。1911年，一位美国飞行员驾驶一架小型飞机低空飞过科莫多岛上空时，无意中发现“怪兽”。直到1912年，第一份关于科莫多巨蜥的学术报告才发表出来。三年后，印尼政府把这种地球上其他任何地方都找不到的动物视为国宝严格保护起来。1926年，美国人伯尔登拍摄了关于科莫多岛屿的自然风光及巨蜥的大量镜头，1931年，他又制作了与科莫多相关的影片，科莫多巨蜥开始被世人所认识。1990年，印尼政府建立科莫多国家公园，并正式向游客开放。据说科莫多巨蜥是活生生的恐龙，说白了就是“活化石”。科莫多岛是由于海底火山喷发才出现的岛屿，而岛屿一出现就有科莫多巨蜥在活动的迹象，有人认为巨蜥是从另一座岛游到科莫多岛的。

当太阳从科莫多岛升起时，它的温暖诱惑着山洞中的巨蜥，那些在洞中过夜的巨蜥都沉迷在阳光的温暖安逸中，它们通过沐浴阳光使得体液开始循环。巨蜥生活在敏锐的嗅觉世界中，它们那分叉的舌头就像是雷达的天线，分辨着微风中的气味。每次敏锐的轻弹，气息中极小的味道都会被收回到巨蜥的口中，使它们从中得到哪里存在着腐肉的提示。巨蜥蜿蜒地穿过森林，看上去像是走了一条很盲目的路线，但是实际上，巨蜥是在不断地从一边到另一边，通过气味中的线索确认猎物的所在地。开阔的沿海森林给这种蜥蜴提供了的十几种美味的猎物，其中包括黑鹿、野猪、水牛和科莫多的鸟类等。

关于科莫多巨蜥的早期研究

科莫多国家公园是一座位于印度尼西亚群岛中的世界遗产遗址。几

百年前，它还只是一个偏僻的地方，岛上最早的居民是那些被流放的囚犯。科莫多的森林被那些看似来自恐龙时代的原始居民所占据，这些强壮的怪物可以长到约3米长，它们甚至可以存活50年以上。400万年前，科莫多巨蜥开始在这些岛上游弋，渐渐地它们变成了地球上最强大的食肉类蜥蜴。巨蜥吃光所有的肉类，无论如何它们都要得到肉吃。如同隐形杀手一般，它们从森林中攫取那些粗心的猎物，同时，它们也如食腐类动物一样去吞咽那些它们可以找到的散发着臭气的动物尸体。自然科学对科莫多巨蜥的了解，源自于1912年一位荷兰科学家宣布他发现了一种被他命名为科莫多龙的巨大蜥蜴。

1969年，一位刚毕业的生物学专业年轻学生与美国生物学家合作，第一次开始对科莫多巨蜥进行详细的研究。当时几乎没有任何关于这种蜥蜴的资料，这名学生只能在不断的尝试与失误中去学会如何触摸和观察这种蜥蜴。这是前所未有的探索，这名学生知道他找到了自己的职业。30年的研究使这名学生确信，科莫多巨蜥不仅拥有一张不凡的面孔，在它们那扁平的头骨下还潜藏着令人惊奇的智慧。没有什么东西能比科莫多巨蜥得到的抚触更少，这看起来似乎是恰当的，因为它们过着孤独的生活，既没有家庭也没有朋友。雄性巨蜥是勇猛的斗士，它们不怕互相争斗。

发生在它们之间的冲突往往更像是宫廷舞蹈而非血腥的搏斗。巨蜥们拥有尖锐的牙齿和锋利的爪子，这些足以使它们在互相的撕咬中将彼此撕成碎片。但是它们通常只是互相扭斗，直到其中的一个制服另一个。那决胜的一击斯文得几乎可以说是文雅，爪子掠过，那姿势似乎是设计好的，其中羞辱对手的意味远远大过要伤害失败者。并不是所有发生在巨蜥之间的决斗都是如此有所收敛的，特别是当决斗是为了赢得配偶的时候，巨蜥们就会真的“摘掉手套”露出它们锋利的爪子了。这些勇猛的武士是它们领地中的顶级掠夺者，当然，巨蜥的王国是很小的。它们仅仅散布在5个小小的岛屿上，它们的领地是地球上任何一类大型食肉类动物所占据的领地中最小的。目前只有约5000只科莫多巨蜥仍存活于地球上，这一数量还在不断减少。

对于自然界中那些知名的食肉类动物，不管是速度还是捕猎手段，这些猎手都必须依赖它们特有的秘密武器。在巨蜥那流着口水的嘴里是充满传染病毒的狂暴的海洋。一只巨蜥的口水中包含着各种令人作呕的混合物，以及那些深度腐烂的猎物身上不断恶化的细菌。所有的巨蜥都需要非常接近它的猎物以便给予猎物以致命的一击，迅速引起败

血症的致命剂量的病毒可以马上使猎物安静下来。

揭开这些细菌神秘的一面是这名学生研究的重点。为了研究巨蜥的口水，他不得不去靠近它的嘴。从这名学生最早跟随美国生物学专家的日子里，他们就已经研究出了一种捕捉巨蜥的方法。现在，他只需要一些木材、一些网子、一些有臭味的鱼和一些勇气。不久以后，这里就会挤满巨蜥，它们每一只都渴望得到那份免费的食物，但是又都怀疑着那个奇怪的装置。最后，有一只巨蜥终于耐不住饥饿，为了获得诱饵而慢慢地爬进了圈套。

当这只巨蜥自愿地把它的时间用于现代科学的研究时，它留下13种不同的实验和测量数据，使一切给它造成的不便都变得非常值得。另一个让这名学生感兴趣的事情就是巨蜥需要多大的活动场所。这些可以帮助他确认到底多大的活动范围是巨蜥生存所必需的。这名学生装配了一台无线发报器，用以监视他的研究项目。这种恰当的高科技手段并不会令科莫多巨蜥感到不适。对科莫多巨蜥来说，它只是看上去有点儿怪。

关于科莫多巨蜥的最新研究

科莫多巨蜥十分丑陋肮脏，它的唾液有许多的细菌，并且科莫多巨蜥从来不清洗自己的口腔，因此人们普遍认为被它咬过的动物会在三天之内因为细菌侵袭身体而死亡。不过，澳大利亚墨尔本大学弗莱教授带领的研究团队发现，科莫多巨蜥不仅唾液中含有大量的细菌，而且其下颚发达的腺体能够分泌致命毒液，这才是科莫多巨蜥巨大杀伤力的秘密所在。几十年来，大量野生动物纪录片一直宣扬这样的观点。2002年的一项研究似乎也印证了这种观点，给实验室白鼠注射科莫多巨蜥的唾液后，白鼠死亡。弗莱教授带领自然历史博物馆研究小组对一头受保护的科莫多巨蜥头部进行磁共振成像发现，它的下颚前部有巨大的毒

腺管。

研究小组对新加坡动物园一只高龄科莫多巨蜥的毒腺体进行了摘除，通过基因和化学分析，进一步证实了他们的研究成果。分析发现很多种剧毒成分，包括扩张血管、导致血液无法凝固的成分。实验发现，注射进哺乳动物体内后，这些成分会使其血压迅速下降，诱发昏迷。研究小组的计算机模拟还发现科莫多巨蜥的咬合力并不是很大，而同样大小的澳大利亚盐水鳄鱼比科摩多巨蜥的咬合力要大8倍，但巨蜥强有力的脖颈和锋利的牙齿使它能够发动猛烈袭击。

弗莱说:“它们发动猛攻，不是唾液里的细菌而是毒液杀死了猎物。毒液能迅速降低猎物的血压，阻止凝血。猎物甚至来不及挣扎就昏迷了。”他还表示，他们还将利用这一研究成果研制新型的抗毒试剂。在新加坡动物园，弗莱还观测到一名被科莫多巨蜥咬伤的管理员，同样证实了他们的研究成果。“他十分害怕，流血不止达3~4个小时。细菌感染不会是这样子的，普通的伤口很快就会停止流血。”

通过生态学研究和比对科莫多巨蜥、巨齿蜥、帝摩尔花点巨蜥的骨骼结构，弗莱的研究团队还得出结论，巨齿蜥是地球上曾经有过的最大有毒动物。巨齿蜥体长可达5.5米左右，是科莫多巨蜥的祖先，但如今已经灭绝。其外，它的尾巴又大又长，也是致命的武器。

网纹蟒

网纹蟒，又称霸王蟒，大型蟒蛇，世界最长之蟒蛇（特注：侏儒网纹蟒体长仅为1.5米~2.3米），与绿水蚺齐名（绿水蚺为世界最重）。因两眼延伸到嘴角、身体背部为灰褐色或黄褐色、有复杂的钻石型黑褐色及黄或浅灰色的网状斑纹花纹，故得名网纹蟒。一般约4.5~6米，最长可达10余米，目前已濒临灭绝。

吉尼斯世界记录中所记载的世界最长蛇是一条身长10米的网纹

蟒。野生网纹蟒性情粗暴，曾有过吃人的记录。经人工繁殖的网纹蟒性格比较温顺，适合当作宠物饲养。

网纹蟒是肉食性动物，主食大型蜥蜴、禽鸟、哺乳类动物（如鸡、鸭、鹅、兔、狗、山猫、羊、猴、驴、鹿、野猪、猪、牛等）及其他蛇类等，年幼时或当食物缺乏时会食鼠、蜥蜴、蛋、蛙、鱼等，在靠近居民区的地方，也捕食家禽。

网纹蟒是夜行性动物，白天缠绕树上休息，夜间出来捕食和活动，它的眼睛只能看见运动中物体的轮廓，因此它们大多是静止在一个地方伺机捕食路过的动物。不过位于它上唇鳞之间的唇窝对红外线的感受非常灵敏，能在3~4.5米远的地方分辨千分之一摄氏度的温度变化。这使网纹蟒捕食的成功率极高，一般从它前面路过的猎物很难逃脱。它捕食时先绞死猎物，然后将其囫囵吞下。网纹蟒捕食一次后，可数天不再进食。

网纹蟒属卵生生物，生活在热带的网纹蟒在凉爽的季节进行交配

和繁殖，在温带的则在雨季进行，雌蟒通过划出气味、留下活动路线，雄蟒利用鼻、舌等嗅觉器官来找雌蟒。它们的交配可持续几个小时，交配后3～4个月，雌蟒产下30～100枚卵。雌蟒通过间歇性肌肉收缩控制孵化温度，2～3个月，幼蟒可破壳而出，刚出壳的幼体只有0.05～0.075米长。

第六章

巨无霸之猫科动物

猫科是食肉目中肉食性最强的一科，生活在除南极洲以外的各个大陆上。多数猫科动物善于隐蔽，用伏击的方式捕猎，身上常有花斑，可以与环境融为一体。而现在多数猫科动物却因为这些美丽的花斑而被人杀害，其皮毛被用来制作高档时装。再加上栖息地破坏等其他原因，猫科动物的生存受到严重威胁。而猫科动物作为重要的食肉动物特别是顶级食肉动物，其数量的减少给生态环境造成较大的影响。

虎

来源探究

据化石分析，一般认为虎发源于亚洲东部，也就是我国东北部地区。虎的毛色为橘黄、黄棕或橘红色，腹部及四肢内侧是白色或者乳白色，最明显的外观是全身布满黑色条状斑纹，斑纹延伸至脑门上，有时会呈现汉字“王”“大”的字样，眼眶有醒目的白斑，两颊也有醒目的白色鬃毛，

外观显得华丽、威武。虎是顶级的食肉动物，一般每只老虎都有自己的领地，雄虎的领地比雌虎的大，一只雄虎的领地往往会跨越几个母虎的领地，与其中雌虎的领地重叠。雌虎独自生产和喂养幼虎，当幼虎成年后，小雄虎会外出，去开辟新的领地，小雌虎会在母亲附近占一块领地。每只虎占领一块领地后，就会将本地所有大型食肉动物如狼、豹、熊等赶走，就是所谓的“占山为王”。

虎以大、中型食草动物为食，也会捕食其他的食肉动物，有攻击捕杀亚洲象、犀牛、鳄鱼、豹、熊等强大动物的记载。其领地范围内，其他的食肉动物如豹、狼群等会受到一定压制，所以虎是食物链的顶端，对生态环境有很大的控制调节作用，同时也对猎物的数量变化非常敏感。有虎生存的地区，必须有完整的生态环境，有足够的猎食领地。虎很少主动攻击人，不过在食物严重短缺时，会袭击家畜甚至袭击人。人如果进入虎的领地可能会受到攻击。虎攻击人一般不会选择正面，印度农民用戴假面具的方式避免遭受老虎攻击（此法开始一段时间有效，不过后来就无效了，可见虎是非常聪明的，识破了人的假面）。

体态特征

虎的身型巨大，体长约2～3.5米，亚种当中体型以东北虎为最大，而苏门答腊虎体型则最小。虎的体毛颜色有浅黄、橘红色不等。它们巨大的身体上覆盖着黑色或深棕色的横向条纹，条纹一直延伸到胸腹部，那个部位的毛底色很浅，一般为乳白色。生活在俄罗斯东部和中国北部的东北虎在几个亚种当中体毛最长，那是为了抵挡北方的严寒。一般来说，所有的虎，冬天的毛都会比夏天长，体毛颜色和花纹也会比较浅。

虎的头骨滚圆，脸颊四周环绕着一圈较长的颊毛，这使它们看起来威风凛凛。雄性虎的颊毛一般比雌性长，特别是苏门答腊虎。虎的鼻骨比较长，鼻头一般是粉色的，有时还带有黑点。它们的耳朵很短，形状如半圆，耳背是黑色的，中间也有个明显的大白斑。虎的四肢强壮有力，前肢比后肢更为强健。它们的尾巴又粗又长，并有黑色环纹环绕，尾尖通

常是黑色的。

东北虎是世界上最大的老虎，也是最大的猫科动物。成年雄虎身长可达约3米，捕获的野生东北虎最大实测记录为384千克。

虎的繁衍

虎一向是独居，只在繁殖期才到一起，发情交配期一般在11月至翌年2月。发情期间，虎的叫声特别响亮，能达2千米远。哺乳期5~6个月左右（东北虎3个月左右），幼虎跟随母虎2~3年后单独生活（东北虎为18~24个月）。

虎没有固定的繁殖期，不过它们常在每年的11月至次年的4月间四处寻找自己的配偶。这种时候雌虎可能有好几个雄虎追求，当然，只有决斗获胜的一方才能赢得雌虎的爱情。母虎的孕期大约有93~112天，每次通常产下2~3个宝贝，最多可能会生下7个！幼虎们通常在6~14天后睁眼，20天左右学会走路，5~6个月断奶，长到一岁大的时候就能和母虎一起狩猎了。虽然可以自力更生，幼虎们通常还会和母虎待在一起，直到2岁左右。东北虎可能成长得比较快，但也有年轻的幼虎在母虎身边待四年的记录。一般当母虎有了另一群幼虎的时候，这些大了的幼虎就会离开母虎了，当然，也有极个别的幼虎可能仍然赖着就是不肯走。年轻的母虎一般在36~48个月性成熟，而公虎需要48~60个月。圈养记录中，寿命最长的虎活了26年。

居住地带

猫科动物遍及世界各地，但是虎只分布于欧亚大陆。传统看法认为，虎起源于亚洲东北部，从我国东北地区分化为两大主流；向西的一支通过蒙古国和我国的内蒙古、新疆以及几个中亚国家，直抵伊朗北部和高加索南部，但受阻于阿拉伯沙漠和高加索山脉而未能进入欧洲和非洲；向南的一支的一部分到达朝鲜半岛，受阻于海而停止，另一部分则通过华北、华中、华南进入中南半岛，此后又分为两股，一股继续向南，沿马来半岛南下，到达苏门答腊、爪哇、巴里等岛，另一股则向西，通过缅甸、孟加拉国而进入印度半岛，并直抵南端。在猫科动物实力排名中，虎强于狮！

我国从20世纪50年代末开始发布保护虎的规定，1989年把虎作为国家一级保护动物严加保护，建立了自然保护区，并在许多动物园进行东北虎和华南虎的圈养繁殖。在黑龙江省的猫科动物繁育中心，人工繁

殖的东北虎已发展到70多只。全国动物园中圈养的华南虎共约70只，但近亲繁殖严重，华南虎圈养繁殖的前途不容乐观。

在我国，虎自古以来就是价值很高的药材动物，但为支持国际上的护虎工作，中国政府于1995年发出禁止犀角和虎骨贸易的通知，在全国停止生产并禁止出售含有犀角或虎骨的中成药，为此中国蒙受了20多亿元人民币的直接经济损失，这充分说明了中国政府保护老虎的决心。

虎在2009年最新发布的“全世界濒临灭绝十大动物”中排行第一。

种群现状

从前，虎在亚洲各地分布很广，数量很多，后来遭到了空前的浩劫，数量急剧下降。50年前，亚洲虎的总数约6万只，中国虎的总数约2万只。现在，全世界野生虎的总数只有7000只左右，其中孟加拉虎4500只左右，东北虎170只左右，华南虎20只左右，印支虎约2000只，苏门答腊虎约600只。但是在中国，虽然有虎的4个亚种，但每个亚种的野生数量都非常少，孟加拉虎30~40只，东北虎12~20只，华南虎约20只，印支虎约30~40只，共只有100~120只。处境最危急的是华南虎，其次是东北虎。

华南虎是我国特有的一个亚种。20世纪50~70年代，华南虎被当成“害兽”捕杀，30年中杀死了约3 000只，使华南虎遭到了灭种之灾。只有20只左右散布在广东、福建、江西、湖南四省的交界处。华南虎处境十分危急，它很可能继里海虎、爪哇虎和巴厘虎之后，成为被人类灭绝的第四个虎亚种，而且野生种群在自然界再次发展起来的希望非常渺茫。

狮　子

巨型猫科动物

雄狮拥有夸张的鬃毛，非洲狮的体型硕大，是最大的猫科动物之一。综合统计，野生非洲雄狮平均体重180千克左右，体长约1.8~2.5米，尾长约1米。动物学家对各地区狮子进行了多次科考测量，其中，津巴布韦保护区的雄狮最大242千克，最小172千克，平均174千克，津巴布韦北部曾发现超过272千克的狮子。雌狮平均139.8千克，最大165千克，最小110千克。

生存环境

除沙漠和雨林外，狮子在其他的生态环境中都能生存，但今天它们的生存环境大大地缩小了。它们比较喜欢草原，也在旱林和半沙漠中出现。

生活在非洲大陆南北两端的雄狮鬃毛更加发达，一直延伸到背部和腹部，它们的体型也最大，不过在人类用猎枪对它们的"特殊关怀"下，这两个亚种都相继灭绝了。位于印度的亚洲狮体型比非洲兄弟要小，鬃毛也比较短。它们也处在灭亡边缘。狮子过去曾生活在欧洲东南部、中东、印度和非洲大陆，生活在欧洲的狮子大约在公元1世纪前后因人类活动而灭绝，生活在亚洲尤其是印度的狮子，差点儿在20世纪初被征服印度的英国殖民者猎杀殆尽。幸好一向将狮子奉为圣兽的印度人最后保住了它们，将它们安置在印度西北古吉拉特邦境内的吉尔国家森林公园内。那里的狮子如今已繁衍了大约300～400头。生活在西亚的亚洲狮因偷猎而灭绝后，吉尔国家森林已成了亚洲狮最后的栖息地。

狮子原来分布于除了热带雨林地区以外的非洲各地、南亚和中近东地区，现在除了印度的吉尔以外，亚洲其他地方的狮子均已经消失，北非也不再有野生的狮子。目前狮子主要分布于非洲撒哈拉沙漠以南的草原上，因此现在基本可以算是非洲的特产。

勇猛的森林之王

狮子是猫科中平均体重仅次于虎的动物,也是唯一的群居动物。一个狮群有20～30个成员,其中往往包含连续的几代雌狮,至少一头成年雄狮和一些成长中的幼狮。母狮构成了狮群的核心,它们极少离开出生地。狮群可能包含几头成年雄狮,但是肯定只有一头是领头的。成年雄狮往往并不和狮群呆在一起,它们不得不在领地四周常年游走,保卫整个领地。一般它们能够在狮群中做几个月到几年的头领,这要看它们是否有足够的能力击败外来雄狮。狮群成员数目在4～37头之间,平均为15头。每一个狮群的领地区域相当明确,在猎物充足的地方可以小到20平方千米;而在猎物稀疏的地域中,它们也许不得不建立大到400平方千米的领地。

狮群的成员们一般会分散成几个小群体来度过每一天,而当聚猎杀戮或者集体进餐时，它们将汇集到一起。

狮子是同类竞争最激烈的猫科动物，狮群会尽量避免与其他狮群遭遇。雄狮通过咆哮和尿液气味标记领地，它们一般会在每天晚间狩猎前和黎明醒来开始活动前咆哮一番。雄狮将尿液排在灌木丛、树丛或者干脆排在地上，或者在经常行走的通道上留下这些刺激性气味的标记宣示它们的领地范围。有时，雄狮也会将粪便涂在灌木丛上用作标记。遇上入侵者，或者仅仅是不巧经过的陌生狮子，雄狮都会咆哮着警告来者："请勿接近，否则格杀勿论！"有时候来势汹汹的外来雄狮，或者也可能是狮群内部实力增强到一定程度的年轻雄狮，会向当前的

狮王发起挑战，试图取而代之，这时一场生死攸关的激烈厮杀在所难免。战败者能够伤痕累累落荒而逃已经是不幸中的万幸了，大多数时候，无论对挑战者还是卫冕者而言都是不成功便成仁，别无选择。

美洲豹

基本特性

仅次于老虎、狮子体型的第三大猫科动物是美洲豹，猫科中的全能冠军。但它既不是虎也不是豹，外形像豹，但比豹大得多，为美洲最大的猫科动物，一般居住于热带雨林，可以捕食鳄鱼、森蚺等动物，身手十分

矫健。美洲豹集合了猫科动物的所有优点，是猫科中名副其实的全能冠军（同体重最强的猫科动物），具有虎、狮的力量，又有豹、猫的灵敏。它的咬合力很强，犬齿咬合力可达850磅，臼齿咬合力可达1250磅。这样的咬合力使猎物毙命的概率很高。它在咬死猎物时，与多数猫科动物和食肉猛兽喜欢一

口咬断猎物的喉咙不同，它更喜欢用强有力的下颚和牙齿直接咬穿动物坚硬的头盖骨。

与众不同的美洲豹

美洲豹广泛分布在南北美洲各处，最北分布至美国的亚利桑那州，最南分布到阿根廷的北部。它们栖息于森林、丛林、草原，单独行动，白天在树上休息，夜间捕食野猪、猴类、水豚及鱼类，善于游泳、攀爬、奔跑和爬树，无明显的繁殖季节，常在春季发情。美洲豹4岁性成熟，孕期100天左右，每胎2～4仔，野外寿命约18年，人工饲养寿命达20多年。

美洲豹性情凶猛，河里作战本不是陆地猛兽的长处，而美洲豹却敢冲入河中捕杀南美鳄、森蚺、巨骨舌鱼等大型动物。

美洲豹与豹不同的是毛皮的环纹圈中有黑斑点。它是美洲大陆上最

大的猫科动物，在拉丁美洲各处都可以发现它们的踪影，连巴塔哥尼亚高原也不例外。至于北美洲，不久前美国南部各州还能发现美洲豹，但现在已经绝迹。虽然，美洲豹现在已是受保护的动物，但仍面临绝种的危机。这主要是因为人们不断开发森林，破坏了它们的栖息环境，再加上它们带斑点的美丽毛皮具有极高的经济价值，使得数以千计的美洲豹遭到屠杀。美洲豹长得和豹很像，不过体形大得多，和豹相比，强壮得多，但没有豹那么灵活。

美洲豹是独来独往的掠食性动物，性格谨慎，捕猎前会估算猎物的威胁性，会猎食鹿、野猪、貘、树懒、乌龟、食蚁兽和其他小动物。它们和花豹一样擅长爬树，它们比较喜欢在陆地上或水里狩猎。美洲豹需要的领域范围，在10平方千米到500平方千米，主要依照范围内的猎物多寡来决定。在美洲豹所有的食物中，它最喜欢的一道甜点是野猪。

敏捷的美洲豹

对美洲豹来说，不管野猪多么菜鸟，它在猎杀野猪的过程中，也从来不肯掉以轻心。美洲豹会以热带雨林中斑驳的树影做掩护，藏身于茂密的草丛，一连几个小时地悄悄尾随着野猪群。它长着厚厚肉垫的爪子慢慢抬起来，轻轻落下去，带动着强劲矫健的身体，毫无声息地跟随在野猪群的后面。它在寻找着最佳的出击时机。这个冷酷的捕杀者有的是耐心，为了一击致命，它愿意做足所有的准备工作。一旦发现时机成熟，那只已经陷入攻击范围的野猪，一点儿也不知道死亡近在咫尺，还在傻乎乎地吃草，美洲豹就会以闪电之势，从草丛中一跃而起，凌厉如风，强势如山，那只野猪还没有反应过来是怎么回事，就已经被扑倒在地。这时候美洲豹深藏于肉垫中的如刀一样的利爪全部伸了出来，死死地按住在地上挣扎的野猪，尖长锋利的牙齿一下子咬住了野猪的脖子，不过一二分钟的工夫，这只野猪就老老实实地躺在那里，停止了呻吟。

美洲豹在整个捕猎过程中，从来只认准一头野猪，把所有的注意力集中在这只野猪身上，对旁边那些更肥更嫩的野猪视若不见，这从另一个方面保证了美洲豹的猎杀成功率。强大如斯的美洲豹，在捕捉那些比它弱小得多的猎物时，无师自通地做到了两点：行动上的不轻视，为了一击成功，它可以放下美洲豹的威严，像个小偷似的长时间地跟踪着野猪，直到找到最佳的出击时机；思想上的不见异思迁，它认准了一个目标，就会锲而不舍地追寻下去，不会这山看着那山高，中途被所谓更大或更好的目标所诱惑。

第七章
昆虫中的巨无霸

昆虫是地球上数量最多的动物群体，它们的踪迹几乎遍布世界的每个角落。目前，人类已知的昆虫约有100万种，但仍有许多种类尚待发现。昆虫种类繁多，形态各异，在科学分类上，昆虫被列入节肢动物门，它们具有节肢动物的共同特征。昆虫中同样存在着体形较大的种类。

独角仙

活动地带

全球已记载犀金龟1400余种，相对而言，我国犀金龟的种类相当贫乏，迄今仅记载约33种。成虫植食性，幼虫多腐食，或在地下危害作物、

林木之根。我国犀金龟的种类虽少，但有多个重要地下害虫种类，经济意义重大。我国的犀金龟多分布在亚热带、热带的贡山、福贡、人关、盐津、镇雄、华坪、新平、邱北、墨江、澜沧、西盟、龙陵、畹町、瑞丽等地。

其中双叉犀金龟俗称独角仙，多栖息雨林地区或经济林果区，以桑、榆、无花果等树木的嫩枝或一些瓜类的花器为食，人工养殖困难不大，是一特征鲜明的类群。独角仙多大型至特大型种类，性二态现象显著，其雄虫头面、前胸背板有强大角突或其他突起或凹坑，雌虫则简单或可见低矮突起。

独角仙的生长繁殖

独角仙又称双叉犀金龟，体大而威武，不包括头上的犄角，其体长就达35～60毫米，体宽18～38毫米，呈长椭圆形，脊面十分隆拱。体栗褐到深棕褐色，头部较小；触角有10节，其中鳃片部由3节组成。雌雄异型：雄虫头顶末端有双分叉的角突，前胸背板中央末端也有分叉的角突，背面比较滑亮；雌虫体型略小，头顶和胸均无角突，但头面中央隆起，横列小突3个，前胸背板前部中央有一丁字形凹沟，背面较为粗暗。它的3对长足强大有力，末端均有利爪1对，是利于攀爬的有力工具。

独角仙一年发生1代，成虫通常在每年6～8月出现，多为夜出昼伏，有一定趋光性，主要以树木伤口处的汁或熟透的水果为食，对作物林木基本不造成危害。幼虫以朽木、腐烂植物质为食，所以多栖居于树木的朽心、锯末木屑堆、肥料堆和垃圾堆，乃至草房的屋顶间，不危害作物和林木。幼虫期共脱皮2次，历3龄，成熟幼虫体躯甚大，乳白色，约有鸡蛋大小，通常弯曲呈“C”形，老熟幼虫在土中化蛹。独角仙广泛分布于我国的吉林、辽宁、河北、山东、河南、江苏、安徽、浙江、湖北、江西、湖南、福建、台湾、广东、海南、广西、四川、贵州、云南；国外有朝鲜、日本的分布记载。在林业发达、树木茂盛的地区尤为常见。

泰坦甲虫

种类简介

泰坦甲虫是目前所知的生活于南美亚马孙雨林中最大的一种甲虫，同时也是世界上最大的昆虫种类之一，目前生活在哥伦比亚、秘鲁、圭亚那、厄瓜多尔和巴西中北部的热带雨林中。在这些地方用水银灯可以很轻易地捕捉到它们，雄性的泰坦甲虫通常被这种灯光吸引而来。

体态特征

泰坦甲虫的成虫身体可以达到约16.7厘米，如果包括其触角长度的话，可以达到约21厘米。据说泰坦甲虫的下颚可以咬断一根铅笔，或是切入人类的皮肤。成年的泰坦甲虫从不进食，它们只是到处飞来飞去寻找配偶，并且很容易被黑暗里的强光吸引。泰坦甲虫的幼虫从未被发现过，但科学家认为幼虫应该居住在木头当中数年后才完全长大，之后化蛹变成成虫。

泰坦甲虫通过发出嘶嘶的声音来恐吓敌人，并且拥有坚硬的外骨骼和强有力的下颚。

其他资料

在BBC的一个纪录片节目《矮树丛下的生灵》中，曾经有一段捕捉到泰坦甲虫的影像。这只泰坦甲虫随即被送到牛津大学进行研究，由于成年泰坦甲虫从不进食，于是这只虫子被精心照料一直到它死去。

曾经美国有一期《国家地理》杂志刊登过一张占满整个页面的泰坦甲虫幼虫照片，但事后被证实这不是泰坦甲虫的幼虫，而是另一种巨牙天牛的幼虫。

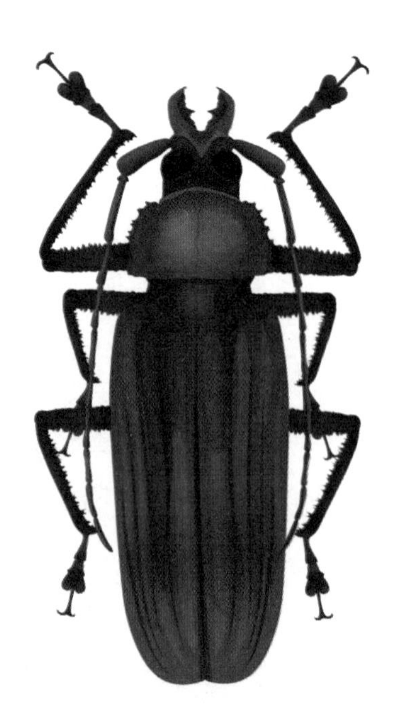

第八章

已经灭绝的巨无霸

恐龙是中生代的多样化优势陆栖脊椎动物，支配全球陆地生态系统超过1.6亿年。恐龙最早出现在2.3亿年前的三叠纪，灭绝于约6500万年前的白垩纪晚期。

恐鸟是生活于新西兰第四纪的巨型鸟类，翼完全退化，无飞行能力，约500年前灭绝。灭绝原因可能与人类的捕猎有关。

恐　龙

神秘恐龙的真面目

恐龙时代离我们如此遥远，如果不借助于化石，我们对恐龙这一神秘的物种就会一无所知。所以对恐龙的研究，也就是对恐龙化石的研究。恐龙化石大致可分为骨骼化石和生痕化石两种，主要保存在中生代时期形成的沉积岩中。恐龙化石的形成是一个复杂而漫长的过程，它牵涉到恐龙的死亡和灭绝，也与地球亿万年的风云变幻息息相关，而它的

发现和挖掘也同样不易。科学家们通过各种手段寻找恐龙化石的蛛丝马迹，并借助现代高科技手段来复原和研究恐龙。通过他们的工作，我们渐渐了解了恐龙的外形及生活形态，而来自世界各地关于恐龙的新发现以及新看法，一再修正我们原先认定的恐龙形象，使之成为更接近事实的真相。

早在发现禽龙之前，欧洲人就已经知道地下埋藏有许多奇形怪状的巨大骨骼化石。直到古生物学家曼特尔发现了禽龙并与鬣蜥进行了对比，科学界才初步确定这是一群类似于蜥蜴的早已灭绝的爬行动物。

最古老的爬行类化石可追溯至古生代之"宾夕法尼亚纪"(约3.2亿年前～2.8亿年前)。追本溯源，爬行类由两栖类演化而来。两栖类的卵需在水中才能开始发育。爬行类演化出卵壳，可阻止卵中水分的散发，此一重大改革，使爬行类能离开水生活。

从2.5亿年前到6500万年前的中生代，爬行类成了地球生态的支配者，故中生代又被称为爬行类时代，大型爬行类恐龙即出现于中生代早期。草食性的易碎双腔龙，是体形与体重最大的陆栖动物。棘龙是迄今为止陆地上最大的食肉动物，另有生活在海中的鱼龙与蛇颈龙及生活于空中的翼龙等共同构成了一个复杂而完善的生态体系（海生爬行动物与翼龙均不是恐龙）。爬行类在地球上繁荣了约1.8亿年左右。这个时代的动物中，最为大家所熟知的就是恐龙。人们一提到恐龙，眼前就会浮现出一只巨大而凶暴的动物，其实恐龙中亦有小巧且温驯的种类。

生活形态是指在现实生活中不同群体的生活样式或类型，它不是针对个体，而是针对群体而言的。只要了解了恐龙如何觅食、争斗以及生育，就基本上可以知道它们的生活形态了。

草食性恐龙能够吃到的植物受限于它们的身高，所以有些小型草食性恐龙为了吃到高处的植物叶子，会用后肢站立。肉食性恐龙以草食性恐龙和其他动物为食。各种恐龙不同的觅食方式也会在它们的牙齿上体现出来。

锐利的牙齿和爪子是肉食类恐龙猎食的武器，暴龙类恐龙会寻找落单的草食性恐龙，因此常常单独行动。而有些恐龙则会群体行动，锁定猎物后蜂拥而上，并用第二根趾头的脚爪割开猎物的腹部。

草食性恐龙一般会有一些特殊的“装备”来对付肉食性恐龙的攻击，这些装备有时是坚韧的皮甲、骨棒或骨钉，有时是有力的尾巴。大型草食性恐龙会集体行动，一旦受到威胁，就会集体坚守阵地并反击。

恐龙生长环境

恐龙在地球上生存了约1.6亿年的时间，在这么长的时间里，地球的环境也发生了许多变化。原本连成一整片的盘古大陆逐渐漂移，分裂成为我们熟知的形态。这些地球板块漂移到全球各处后，由于光照不再均匀，热量的传导也被海洋阻断，气候环境也跟着发生了改变。在恐龙时代早期，蕨类植物构成的矮灌丛是地球上主要的植被。板块漂移，再加上气候变化，使得地球上的植物种类发生了巨大的变化。不过，由于这些变迁是在非常漫长的时间内逐渐发生的，因此生长在其中的动物依然能够很好地适应。但是由于

恐龙时代中期，地壳运动加剧，使得地质活动频繁，造成了陆地气候变化。到了恐龙时代晚期，由于气候变得干燥寒冷，地球上出现了沙漠。由于地球板块的漂移，造成高山隆起，深谷下沉，板块携带大陆向不同的方向运动，使得环境发生了一系列翻天覆地的变化。

恐龙化石研究

在历史上，人类发现恐龙化石由来已久。只是当时由于知识水平有限制，还无法对这些化石进行正确的解释而已。相传早在1700多年前的晋朝时代，四川省(当时被称为巴蜀之蜀郡)武城县就发现过恐龙化石。但是，当时的人们并不知道那是恐龙的遗骸，而是把它们当作是传说中的龙所遗留下来的骨头。

早在曼特尔夫妇发现禽龙(第一种被命名的恐龙)前，欧洲人就已经知道地下埋藏有许多奇形怪状的巨大的动物骨骼化石，但当时人们并不知道它们的确切归属，因此一直误认为是“巨人的遗骸”。英国里丁大学的一位名叫哈士尔特德的研究人员根据从一部历史小说《米尔根先生的妻子》中发现的线索，经过很长时间的研究，翻阅了大量的资料，终于宣布发现了如下的研究结果:1677年，一个叫普洛特·加龙省的英国人编写了一本关于牛津郡的自然历史书。在本书中，他描述了一件发现于卡罗维拉教区的一个采石场中的巨大腿骨化石。他为这块化石画了一张插图，并指出这个大腿骨既不是牛的，也不是马或大象的，而是属于一种比它们还大的巨人的。

虽然他没有认识到这块化石是恐龙的，甚至也没有把它与爬行动物联系起来，但他用文字记载和用插图亲临描绘的这块标本已被后来的古生物学家鉴定是一种叫作巨齿龙(现名斑龙)的恐龙的大腿骨,而这块化石的发现比曼特尔夫妇发现第一种被命名的恐龙——禽龙早145年。因此,哈士尔特德认为,普洛特·加龙省应该是恐龙化石的第一个发现者和记录者。

恐龙有哪几种

根据臀部结构的不同,所有恐龙都可以归入蜥臀目和鸟臀目两个大类。这两个大类又可以划分为比较小的类,直到科这一层。一个科是具有相同特征的恐龙种类的一个集合,当一个科里只有一种类群时,属名就代替了科名。

生活于地球上的恐龙很可能在1000种以上，但是恐龙时代和我们相距如此遥远,我们只能通过已发现的化石去了解它们。通过化石被发现的恐龙有上百种,随着恐龙研究工作的不断进展,我们所知的恐龙种类还会不断增加。

恐龙灭绝猜想

恐龙在地球上生活了1.6亿年之久,可是在白垩纪末期,它们却突然在世界各地销声匿迹了。恐龙的灭绝是地球生命史上的一大悬案,自20世纪70年代以来,各种有关恐龙灭绝的理论、假说纷纷出台,展开了一场规模空前的大争论。

一、空间天气变化说

德国科学家提出，恐龙灭绝是由当时恶劣的“空间天气”造成的，也就是说，来自宇宙的强烈粒子流闯入地球大气层并导致地球气候发生剧烈变化，从而致使恐龙灭绝。

据德国《科学画报》杂志报道，来自波恩天体物理学研究所的约尔格·法尔教授介绍说，地球在6000万年前曾陷入一次强烈的宇宙粒子流风暴中。在遭遇这样的风暴时，高速进入地球大气的各种粒子会达到平时的上百倍之多，将大气中的分子“撕裂”成为形成雨水所必要的凝结核，最终导致地球大气中云层增厚，降雨频繁，气温急剧下降。

科学家认为，正是宇宙粒子流的爆发导致了地球气候条件的剧烈变化，而不能适应此种气候变化的恐龙也因此在较短时间内灭绝。

二、小行星撞击地球说和地壳剧烈运动说

迄今为止，各种有关恐龙灭绝原因的解释均不能自圆其说。美国物理学家阿尔瓦雷兹提出的小行星撞击地球的假说备受各方关注。他在研究意大利古比奥地区白垩纪末期地层中的黏土层时发现，微量元素铱的含量比其他时期地层陡然增加了30～160倍，之后人们从全球多处地点取样检测都得出同样结论，白垩纪末期地层中铱元素含量异常增高的确是普遍性的。于是阿尔瓦雷兹认为在白垩纪末期有一颗直径约10公里的小行星撞击了地球，产生的尘埃遮天蔽日，造成地表气候环境巨变，导致了恐龙的灭亡。但是，用小行星撞击地球来解释岩层中铱含量增加和恐龙灭绝存在许多疑点。1.小行星一般都是由硅、铁类元素构成，这样巨大的小行星落在地球表面即使经历漫长岁月也不可能踪迹全无，而在地球上从未发现有这样大型的陨石；2.白垩纪末期的岩层大部分是熔岩冷却形成的火成岩，由尘埃堆积而成的沉积岩只占地表很小一部分，仅一颗小行星撞击扬起的尘埃能够把当时地球上绝大多数动植物埋入深达几千米的岩层中吗？3.一颗小行星所含的铱元素就能均匀地散布以至覆盖整个地球表面吗？铱元素在地球深处也同样存在，为什么只推测铱元素来自地球以外而不是来自地球内部呢？

我们知道，地球内部的热核反应会不断积聚起巨大能量，一旦地壳承受不住时，内部压力便冲破地壳突然释放形成大爆发。铱这种主要存在于地核内的元素在大爆发时通过熔岩喷发从地球深处被带到地壳表层，而公认的标志白垩纪结束的黏土层正是由大量火山灰尘堆积形成。所以，白垩纪末期地层中铱含量普遍增多，证明当时地壳曾发生了普遍性剧烈喷发。

化石档案告诉我们，绝大多数恐龙的死亡时间和绝大部分恐龙蛋化石的产出年代是在白垩纪末期，已发现的恐龙和恐龙蛋化石全部保存在富含铱的薄黏土层下的地层中，这与地质学界认定的白垩纪末期大规模造山运动等一系列全球性地壳构造剧烈变动的时间相吻合。

在内蒙古巴音满都呼白垩纪

末期的地层里出土的数百个原角龙和甲龙化石中，大量完整的恐龙骨架成群堆积在一起，从遗骸的埋葬姿势看，它们是在极度痛苦中死去，其中还有整群的恐龙幼仔骨架。这一情景显示它们是灾难性的集体死亡，而且死后尸体迅速在原地被埋葬（在世界其他地方的恐龙化石许多都有相似的死亡特征）。同时发现当地含化石的岩层是一种砖红色的粉沙岩层，这种由大量火山灰堆积而成的层积岩正是形成化石的最佳环境。可以推测那次环境剧变的过程相当突然和短暂，因为，如果地球的环境是在较长时间逐渐变化，恐龙种群是缓慢消亡的话，它们是不会留下这么大量埋没时间相对集中的恐龙蛋化石和整群恐龙幼仔化石的。所以，大多数恐龙应是在生存环境一直基本正常的情况下因突然降临的毁灭性灾难而大批死亡。

大量体现当时地球环境特征的动植物化石显示，白垩纪末期以前，地球大气层的密度和厚度远远超过20世纪，地表较为平坦，全球都是非常温暖潮湿的气候环境。那时极地和赤道温差很小，20世纪80年代，加拿大地质学家曾在北极圈内的埃尔斯米尔岛发现了一片以水衫为主的化石树林，林中还有鳄等动物化石，说明极地曾具有热带的气候环境。自然环境是决定生命存在形态的主要因素，当那些身躯硕大的恐龙赖以生存的湿热环境不复存在时，即使有一些幸存下来，也无法适应相对寒冷干燥、有冷暖季节区分的气候环境而继续生长。所以，大多数恐龙的灭绝便自然而然了。

一些早在侏罗纪就已经进化为原始鸟类、哺乳类的动物，遵循自然界物竞天择、适者生存的法则，在相对恶劣的环境中，经过7000万年不断演变，大多数物种改变了原来的形态。当然，每次大规模物种进化后，总会有一些物种保留原状，像鱼类进化为两栖类后，鱼类还延续生存，爬行类中也有极少数（鳄、蜴蜴等）至今仍然保持了7000万年前的原始形态。

地球岩层中的生物遗迹揭示，在生物进化史上，每隔一定时期就会发生一次物种大灭绝，白垩纪末期的恐龙灭绝不是生物进化史上唯一的灾难，在更早的年代曾发生过绝大部分无脊椎动物在很短时间突然出现的“寒武纪生命大爆炸”现象。就像生物从单细胞向多细胞进化与爬行动物向哺乳动物进化一样，它们需要一个进化的过程（有1984年发现的我国云南澄江化石群为证）。

迄今没有明显的证据可以证明恐龙灭绝是由小行星撞击引起的。但是，地球内部至今仍在继续的地质构造频繁变动的事实表明，周期性地壳构造变动引起的环境“灾变”在生物进化过程中始终起主导作用，当然，小规模的物种逐渐进化也是贯穿于整个生命演变的过程。周期性天体爆发（如新星爆发）是包括地球在内的所有行星在演变过程中不可缺少的重要环节。那些山脉中的海洋生物化石和海底矿藏就是解释恐龙时代因地壳剧烈变动而终结的最好说明。我们知道，恐龙灭绝的时间是在距今约6500万年前，地质年代为中生代白垩纪末或新生代第三纪初。而且在那个时候，不仅统治了地球达1亿多年的各种恐龙全部灭绝了，同样悲惨的命运还同时降临到了地球上的很多种其他生物的头上。在这次灾难中灭绝的还有鱼龙、蛇颈龙等海洋爬行动物，有翼龙等会飞的爬行动物，有彩蜥等恐龙的陆生爬行动物亲戚，有菊石、箭石等海洋无脊椎动物；海洋中的微型浮游动植物、钙质浮游有孔虫和钙质微型浮游植物等也几乎被一扫而光。经过这场大劫难，当时地球上大约50%的生物属和几乎75%的生物种从地球上永远地消失了。

来自中国的古生物学和物理学家黎阳2009年在耶鲁大学发表的论文引起国际古生物学界的轰动，他和他的中国团队在6500万年前的希克苏鲁伯陨石坑K—T线地层中发现了高浓度的铱，其含量超过正常含量的232倍。如此高浓度的铱只有在太空中的陨石中才可以找到，地球本身是不可能存在的。根据墨西哥湾周围铱元素含量的精确测定，当时是一颗相当于珠穆朗玛峰的小行星的物质不仅撞击了地球中美洲地区，还撞破了地壳，然后是地球上从来没有发生过的大地震。撞击使熔浆被抛到数千米的高空，继而是长达几十天的流火现象，高温也许不是最致命的。数以千万吨的灰尘、有毒物质在随后的一个月内遍及全球。在以后的四个多月里，太阳只是一个模糊的影子，植物停止了生长，食草动物大量减少，污浊的空气、短缺的食物、肆意的疾病等无不摧残着幸存下来的恐龙。由于尘土的遮盖，地球上面临着寒冷的侵袭。寒冷似乎不是最严重的问题，但是，请记住一些动物的性别是由温度决定的，恐龙正是其中之一。以前学术界都是把外来天体撞击说和火山喷发说分开讨论的，但这两个学说都有相当大的缺陷，外来天体说光是撞击不足以影响那么严重，时间那么久，范围那么广（全球性的）；而地球上的火山活动本身就很多很剧烈，但都不足引起如此大的生物灭绝，包括黄石超级火山在内。两者的结合才可能造成如此重大的地球生物大灭绝。

这场大灭绝使得在距今约6500万年前后，地球上生物世界的面貌发生了根本性的巨变。这场大灭绝标志着中生代的结束，地球的地质历史从此进入了一个新的时代——新生代。

科学家们经过不懈的努力，分析研究了到目前为止可以发现的所有线索，提出了解释这一大灭绝现象的各种理论。但是至今为止，关于这场大灭绝的原因，科学界仍然没有找到一个完全正确的答案。也许，这

样的答案还等待我们来寻找。

科学家们开始为我们描绘6500万年前那壮烈的一幕。一天，恐龙们还在地球乐园中无忧无虑地尽情吃喝。突然，天空中出现了一道刺眼的白光，一颗直径10千米、相当于一座中等城市般大的巨石从天而降。那是一颗小行星，它以每秒40千米的速度撞进大海，在海底撞出一个巨大的深坑，海水被迅速气化，蒸气向高空喷射达数万米，随即掀起的海啸高达5千米，并以极快的速度扩散，冲天大水横扫着陆地上的一切，汹涌的巨浪席卷地球表面后，会合于撞击点的背面一端。在那里，巨大的海水力量引发了德干高原强烈的火山喷发，同时使地球板块的运动方向发生了改变。那是一场可怕的灾难，陨石撞击地球产生了铺天盖地的灰尘，极地雪融化了，植物毁灭了，火山灰也布满天空。一时间暗无天日，气温骤降，大雨滂沱，山洪暴发，泥石流将恐龙卷走并埋葬起来。在小行星撞击地球之后的数月乃至数年里，天空依然尘烟翻滚，乌云密布，地球因终年不见阳光而进入低温，苍茫大地一时间沉寂无声。生物史与地质史上的一个时代就这样结束了。

由于这一陨石坑现已被找到，科学家也已经掌握了一些相关证据，所以，恐龙灭绝之谜似乎可以尘埃落定了。但如果真是陨石导致了恐龙灭绝，那为什么鸟类能够度过劫难而一直生存呢？这不能不促使人们再

去寻找其他的思路分析恐龙灭绝的原因。

三、火山爆发说

还有一种说法认为，因为火山爆发，二氧化碳大量喷出，造成地球急剧的温室效应，使得植物死亡。而且，火山喷发使得盐素大量释出，臭氧层破裂，有害的紫外线照射地球表面，造成生物灭亡。但这个学说有一个前提，那就是火山大规模爆发。

意大利著名物理学家齐基基提出，恐龙大灭绝的原因很可能是大规模的海底火山爆发。齐基基教授认为，白垩纪末期，地球上在海洋底下发生了一系列大规模的火山爆发，从而影响了海水的热平衡，并进而引起陆地气候的变化，因此影响了需要大量食物维持生存的恐龙等动物的生存。他的理由是，现代海底火山爆发对海洋和大气产生的影响是众所周知的，只是其影响程度比起6500万年前发生的海底火山爆发的程度小多了。

齐基基教授认为，过去，科学界对海底火山爆发的情况了解得很少，需要对这种严重影响地球环境的现象进行深入的研究。他举例说，格陵兰过去曾经生长着茂密的植被，但是当全球性的海洋水温平衡变化以后，寒冷的洋流改变流向后经过了格陵兰，从此把这个大大的岛屿变成了冰雪覆盖的大地。这是海洋水温平衡变化对气候产生巨大影响的一个典型实例。海底火山活动是影响海洋水温平衡变化的一个重要因素。因此，齐基基教授认为，应该将海底火山大规模爆发引起的海洋水温平衡变化作为研究恐龙灭绝问题的一个重要参考因素。

过去，所有的科学家都认为，恐龙像其他爬行动物一样是冷血动物或变温动物，但是随着化石资料的不断增多，人们的认识也发生了变化。有人提出，有些恐龙可能是温血动物。首先，他们认为有些恐龙行动极为敏捷，也不是像蛇一样在地上爬行，而是靠两条后腿在地面上跑动，其速度可达每小时20～90千米。这就需要有强壮的心脏并且维持较高的新陈代谢，这些显然是冷血动物做不到的。其次，恐龙的食量都相当大，据推测，一头30吨重的蜥蜴类恐龙，每天可能要吃掉近2吨食物，只有温血动物才需要这么多的能量。从食肉恐龙远远少于食草恐龙来看，这一点也是合理的。另外，还有一些身体较小的恐龙，它们身上覆盖着一层羽毛或毛发，这也是为了防止体温散失。其他方面，如骨胳的研究也初步表明一些恐龙是温血动物。温血恐龙的说法一提出，就受到强烈抨击，但到底结论如何，还难下定论。

四、气温骤变说

有些人认为恐龙是温血动物，因此可能禁不起白垩纪晚期的寒冷气候而导致无法存活。因为即使恐龙是温血性，体温仍然不高，可能和现在树懒的体温差不多，而要维持这样的体温，也只能生存在热带气候区。同时恐龙的呼吸器官并不完善，不能充分补给氧。温血动物和冷血动物不一样的地方，就是如果体温降到一定的范围之下，就要消耗体能以提高体温，身体也就很快变得虚弱。它们过于庞大的体躯，不能进入洞中避寒，所以如果寒冷的日子持续几天，可能就会因为耗尽体力而遭到冻死的命运。但是，这种学说有一个疑点，那就是恐龙不都是那么庞大的，也不一定都不能躲进洞里避难，所以这种学说也有不完善的地方，也需要修正。

根据深海地质钻探得到的资料，一些科学家认为，6500万年前，地球上的气候发生了异常的变化，温度忽然升高。这种变化使恐龙等散热能力较弱的变温动物无法很好地适应环境，引起其身体中的内分泌系统紊乱，尤其是造成雄性个体的生殖系统严重损坏。结果，恐龙无法繁殖后代，从而走向了最终的绝灭。

还有一种理论，虽然同样是认为气候骤变引起恐龙灭绝，但是推测他大洋之间被陆地完全隔开，并在最后的日子里，那咸咸的海水因各种因素的作用渐渐地变成了淡水。距今6500万年前，分隔北冰洋与其他大洋的“堤岸”突然发生了决口。大量因淡化而变轻的北冰洋的水流入其他大洋。由于北冰洋的水温度很低，这些“外溢”的冷水形成了一层冷流，使得地球大洋的海水温度迅速下降了大约20度。海洋温度的下降又严重影响了大陆气

候，使大陆上空的空气变冷。同时，空气中的水蒸气含量也迅速减少，引起陆地上普遍的干旱。陆地上的这些气候变化产生的综合结果就是，恐龙灭绝了。

气候骤变造成恐龙灭绝的一条可能的途径是严重影响恐龙的卵。一些科学家发现，在恐龙灭绝之前的白垩纪末期，恐龙蛋的蛋壳有变薄的趋势，说明在恐龙大灭绝之前有气候急剧变化造成的作用。我国的一些古生物学家也发现，在一些化石地点产出的恐龙蛋中，临近灭绝时期的那些恐龙蛋蛋壳上的气孔比其他时期的恐龙蛋蛋壳上的气孔要少，这很可能与气候变得寒冷干燥有关。

五、哺乳类威胁说

在中生代的中期，已有哺乳类的祖先生存。根据化石的记录，当时的哺乳类体型很小，数量也十分有限，直到白垩纪的后期，哺乳类的数量才开始急速增加。推测它们属于以昆虫等为主食的杂食性，这些小型哺乳类发现恐龙的卵之后，即不断取而食之，最终导致恐龙的生育危机，导致恐龙灭绝。

六、物种老化说

这种学说认为恐龙由于繁荣期间长达1.6亿年，使得肉体过于巨大

化。而且,角和其他骨骼也出现异常发达的现象,因此在生活上产生极大的不便,最终导致绝种。

恐龙中最具代表性的迷惑龙,体长约25米,体重达30吨,由于体型过于庞大,动作迟钝而丧失了生活能力。另外,三角龙等则因不断巨大化的三只角以及保护头部的骨骼等部位异常发达,反而走向自灭之途。疑点:并非所有的恐龙体型都如此庞大,也有体长仅一米左右的小恐龙。另外,也有骨骼像鹿一般能够轻快奔跑的恐龙。但为什么这种恐龙也同时绝种了呢?而且,异常发达的骨骼等部位,在冷血动物体内,推测能够吸收外界的温度,也能放出体内的热,以调节身体的温度,具有非常有利的功能。由此,我们对于恐龙因种的老化而绝种的说法表示怀疑。

七、恐龙蛋无法孵化说

已经在世界上许多地方陆续发现了古老爬行类的蛋化石,尤其是恐龙的蛋化石。按照形态结构,可以把恐龙蛋分为短圆蛋、椭圆蛋和长形

蛋等种类。恐龙蛋的大小变化范围很大，蛋壳厚度及其内外部“纹饰”、蛋壳结构及其壳层中的椎状层和柱状层比例变化范围都存在不同的差异。为了深入开展恐龙蛋内部特征的研究，科学家已经采用了最新的技术和多种方法，如扫描隧道显微镜、x射线衍射仪、偏光显微镜、CT扫描仪等。我国科学家首次采用CT技术对山东莱阳出土的恐龙蛋化石进行了无损伤内部结构特征的研究，发现了山东莱阳的一些恐龙蛋化石具有其他方法无法观察到的恐龙胚胎。一些科学工作者认为，恐龙胚胎的变形与错位，有可能导致恐龙蛋无法正常孵化，从而使恐龙走向衰弱并最终灭绝。

八、大气成分变化说

现代科学分析使我们了解到，在地球刚刚形成的遥远年代里，空气中基本上没有氧气，二氧化碳的含量却很高。后来，随着自养生物的出现，光合作用开始了消耗二氧化碳和制造氧气的过程，从而改变了地球上的大气环境。同时，二氧化碳一方面通过生物的固定以煤、石油沉积在地层里，另一方面也通过有机或无机的过程以各类碳酸盐的形式沉积下来。这种沉积是一直进行的，有证据表明，恐龙生活的中生代二氧化碳的浓度很高，而其后的新生代二氧化碳的浓度却较低。这种大气成分的变化是否与恐龙灭绝有关呢？

众所周知，每种生物都需要在适当的环境里才能够正常地生活，环境的变化常常能够导致一个物种的兴衰。当环境有利于这一物种时，它就会兴旺发展；反之，则会衰落甚至灭绝。环境因素包括温度、水等因素，还包括大气的成分。那么，大气成分的变化会不会影响生物的生活呢？答案是肯定的。例如，人处在二氧化碳浓度较高的环境下会有生命危险，而有些动物甚至比人对二氧化碳的浓度变化更为敏感。

恐龙生活的中生代，大气中二氧化碳的含量较高，说明恐龙很适应于二氧化碳高浓度的大气环境。也许只有在那种大气环境中，它们才能很好地生活。当时，尽管哺乳动物也已经出现，但是它们始终没有得到大发展，也许这正是由于大气成分以及其他环境对它们并不十分有利，因此它们在中生代一直处于弱小的地位，发展缓慢。随着时间推移，到了白垩纪末期，大气环境发生了巨大的变化，二氧化碳的含量降低，氧气的含量增加，这种对恐龙不利的环境可能体现在两个方面：1.恐龙的身体发生了不适，在新的环境下，很容易得病，而且疾病会像瘟疫一样蔓延。2.新的大气环境更适于哺乳动物的生存，哺乳动物成为更先进、适应性更强的竞争者。在这两种因素的作用下，恐龙最终灭绝了。而那些孑遗的爬行动物则是既能适应旧环境又能适应新环境的少数爬行动物物种。

大气成分变化造成恐龙灭绝这一理论有两个出发点，一个是中生代的大气成分与现代不同，另一个是每种生物需要合适的大气环境才能生存。远古时代的大气中几乎没有氧气，而二氧化碳的含量很高。后来由于生物的出现，在光合作用下，大气中二氧化碳的含量逐渐减少、氧气的含量逐渐增加的这一过程，也许可以解释生物进化史中的很多现象。例如寒武纪的生命大爆发，这也是进化史中的一个难解之谜。大气成分变化也可以对此作出解释，因为动物不能直接利用无机物进行光合作用，它的起源落后于植物的起源，必须发生于大气中的氧气含量达到相当的程度时。因此，寒武纪的生命大爆发必须以大气中的氧气含量已经达到了一定程度做保障，而这一点已经被科学所证明。因此，对于恐龙灭绝来说，小行星撞击也许起了一定作用，但看来并非是最关键的因素。

除了上述几种比较著名的学说外，还有许多鲜为人知的说法（如太阳黑子爆发、电磁扰动、地球磁场方向及强弱发生变化），至于哪一种才是最好的说法，全凭各人的想法，并没有一定的对与错，毕竟恐龙灭亡之谜还没有真正解开。

但无论发生了什么，有一点是毋庸置疑的，那就是恐龙无法适应新发生事件造成的环境影响。

恐　鸟

恐鸟是什么

恐鸟是几种新西兰历史上生活过的巨型而不能飞行的鸟。目前根据博物馆收藏所复原的DNA,已知恐龙有十种大小不同的种类,包括2种身体庞大的恐鸟，其中以巨型恐鸟最大，高度可达3米左右，比现在的鸵鸟还要高。小型的恐鸟则只有火鸡大小。身高平均约3米的巨型恐鸟中，最大的个体高约3.6米,体重约250千克。在300多年以前，巨型恐鸟可称得上是世界第一高的鸟。虽然上肢已经退化,但恐鸟的身躯肥大,下肢粗短。尽管下肢发达,庞大的身躯使得恐鸟的奔跑能力远不及鸵鸟。

恐鸟是怎么生活的

从新西兰发现的恐鸟“家墓”中，古生物学家获得数以百计的恐鸟骨骼，古生物学家们通过分析它们的躯体构造，认为恐鸟主要吃植物的叶、种子和果实。它们的砂囊里可能有重达约3千克的石粒帮助磨碎食物。恐鸟栖息于丛林中，每次繁殖只产一枚卵，卵长可达250毫米，宽达180毫米左右，像特大号的鸵鸟蛋。但它们不造巢，只是把卵产在地面的凹处。这种鸟是怎样到达新西兰的，人们目前还没有一致的看法。更为有趣的是，恐鸟的羽毛类型、骨骼结构等幼年时的特点直到成鸟还依然存在，古生物学家认为这是一类“持久性幼雏”的鸟。

恐鸟是“一夫一妻”制，它们可以共同生活终生或者其中一只死去，幸存者才去另寻配偶。它们以夫妻为单位终年栖息在新西兰南部岛屿的原始低地和海岸边林区草地里，以浆果、草籽和根茎为食，有时也采食一些昆

虫。由于恐鸟身体庞大，需要大量的食物，因此每对恐鸟都有着自己大片的领地。恐鸟生活区域内人烟稀少，食物充足，并且没有天敌。只有少数土著人猎杀恐鸟为食，但土著人的原始狩猎方式并没有给恐鸟群体以致命打击。因此，直到18世纪初，仍有几万只恐鸟在这里安逸地繁衍生息着。

灭绝过程

恐鸟一直被认为在18世纪中期数量飞速下降，到了19世纪几乎踪迹全无，估计于19世纪中期左右彻底灭绝，虽然有一些未被证实的目击报告显示有零星的恐鸟躲藏在新西兰某个偏僻的角落直到20世纪。

还有一些人认为恐鸟的数量在人类到达前便已经开始减少，不过恐鸟的绝种目前主要还是与毛利人的波利尼西亚祖先的猎捕和开垦森林有关。在人类抵达之前，恐鸟的主要猎食者是哈斯特鹰（世界最大的老鹰之一），现在也绝种了。奇异鸟一度被认为是恐鸟最接近的近缘种，不过在经过DNA的比对后，发现其实恐鸟与澳大利亚的鸸鹋、食火鸡比较接近。

灭绝原因

人们对恐龙的灭绝相当熟悉，也相当关心，但是对同样已经灭绝，也同样与“恐”字联系起来的另一种动物似乎很陌生，这种动物就是恐鸟。恐鸟是一种很早以前生活在新西兰的一种无翼大鸟，过去人们一直认为，这种人类已知的最大的鸟的灭绝是因为人类的滥杀，但科学家现在发现，这种鸟灭绝的责任并不全在人类身上。

恐鸟的故事通常像是一个传说一样展开。从前，这种像鸵鸟一样的大鸟幸福地生活在一片飘着白云的土地上，毛利人把这块土地叫作奥蒂罗亚，也就是现在的新西兰。大约700多年前，一个有重大影响的日子来

临了，首批人类来到那里。他们是波利尼西亚人，据说他们是乘着独木舟从夏威夷而来，发现新西兰岛上有一种无翅的鸟很容易捕杀，可为他们提供营养丰富的食物，这种鸟就是恐鸟。成年恐鸟高达约3米，重达250千克，肉多而鲜美。在6个世纪之内，毛利人就把这些不幸的长有羽毛的庞然大物捕杀光了。

就像渡渡鸟一样，恐鸟从此成为人类贪欲的象征，或者用现代的说法就是成为不能持续发展的一个突出例子。可是事实果然如此吗？科学家通过分子探测对这一说法提出了很大的疑问，那就是毛利人是否应该为这个灾难性的后果受到如此深的责备？

其实，在人类到达新西兰之前，恐鸟的数量就已经开始急剧下降，即使在人类投出第一根矛之前，恐鸟也早就是当地的一个弱势群体，非常容易受到外部袭击。恐鸟有10个种类，最大的一种是迪诺尼斯恐鸟。新西兰坎特伯雷大学的生物学家吉梅尔领导的生物学家小组从保存的这种最大的恐鸟骨头中提取了DNA，然后以突变为基础通过计算机模型获取DNA序列。作为种群混合的结果，突变现象发生在每一代身上。通过检查这些小的基因转变，科学家可以将分子钟倒转，看看一个物种是如何进化的，而且他们还可以推断出这个种群的数量。数量越大，遗传的变化也就越广泛！

经过细致研究了恐鸟的数据后，吉梅尔的研究小组推断出这种鸟的数量，他们称这个数量“低到了警戒水平”。1000年前，在新西兰生活着数以百万计的迪诺尼斯恐鸟。研究人员说，加上其他9种恐鸟，在1000年至6000年前这段时间里，新西兰北部和南部的岛屿上生活着大约300万～1200万只恐鸟。人类大约于1280年首次到达那里时，恐鸟数量已经不足15.9万只了。到了18世纪初，大约还有6万只。